自然传奇

动物的
逻辑思维

主编：杨广军

花山文艺出版社

河北·石家庄

图书在版编目（CIP）数据

动物的逻辑思维 / 杨广军主编. —石家庄 ：花山
文艺出版社，2013.4（2022.3重印）
（自然传奇丛书）
ISBN 978-7-5511-0935-2

Ⅰ.①动…　Ⅱ.①杨…　Ⅲ.①动物－青年读物②动物
－少年读物　Ⅳ.①Q95-49

中国版本图书馆CIP数据核字（2013）第080104号

丛 书 名：自然传奇丛书
书　　名：动物的逻辑思维
主　　编：杨广军

责任编辑：贺　进
封面设计：慧敏书装
美术编辑：胡彤亮
出版发行：花山文艺出版社 （邮政编码：050061）
　　　　　（河北省石家庄市友谊北大街 330号）

销售热线：0311-88643221
传　　真：0311-88643234
印　　刷：北京一鑫印务有限责任公司
经　　销：新华书店
开　　本：880×1230　1/16
印　　张：10
字　　数：150千字
版　　次：2013年5月第1版
　　　　　2022年3月第2次印刷
书　　号：ISBN 978-7-5511-0935-2
定　　价：38.00元

目　录

◎ 进化智慧 ◎

◎ 学习智慧 ◎

自然传奇丛书

◎ 智慧拾趣 ◎

◎ 通讯智慧 ◎

◎ 捕食者与被捕食者 ◎

进化智慧

　　2008 年北京奥运会的吉祥物福娃，活灵活现、可爱逗人，它们的原型来源于奥林匹克圣火和现存的各种各样的动物。但是你可想过，这些可爱逗人的动物在古老的地球上因为生存而进行无情的争霸和残酷的搏杀。激烈竞争的结果是一些动物灭绝了，另一些动物则不断地进化着，描绘出今天所有生物的蓝图。那么动物的成长过程又有着怎么样的秘密和智慧呢？

　　物竞天择、适者生存，生命在地球上演化的历史漫长而神秘。让我们共同穿越时空，回到远古，追溯未来，进行动物演化大追踪。

福娃贝贝　　福娃晶晶　　福娃欢欢　　福娃迎迎　　福娃妮妮

植物还是动物
——领略海绵动物门

在世界上存在着这样的一类生物，它们身体柔软，不会游动，像植物那样固着在原地不动。色泽各样，有大红、鲜绿、褐黄、乳白、紫色等各种颜色，像花儿一样美丽。所以，一直以来人们认为它们是植物。

直到 1825 年，科学家才确定它是海绵动物。那么这样的生物究竟有怎样的结构和特征呢？学习这一节后，相信你会豁然开朗的。

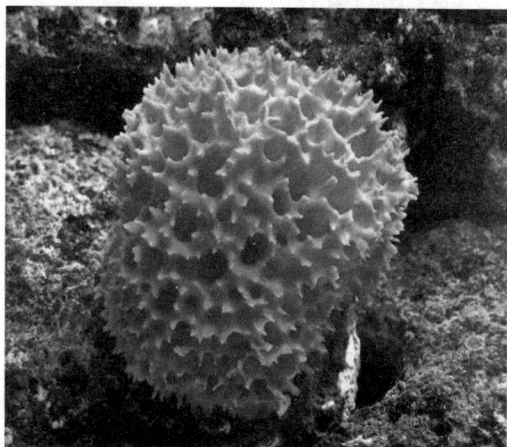

▲像花般绚丽的海绵动物

海绵动物知多少

海绵动物又称为有孔动物，是最原始的无脊椎生物，由一群原始的多细胞生物构成。它们的长度大小不一，小的几毫米，大者可达两米。海绵动物虽然是多细胞动物中最简单的一类，但却有一个庞大的家族。海绵

通常根据骨针的性质，可以分为钙质海绵和非钙质海绵两大类。

动物种数达 10000 多种，占所有海洋动物种数的 1/15。它们的体壁内长着具有支持作用的针状骨骼，叫作骨针。

出水口
皮层细胞
领细胞
骨针
孔细胞
变形细胞
中央腔
进水小孔

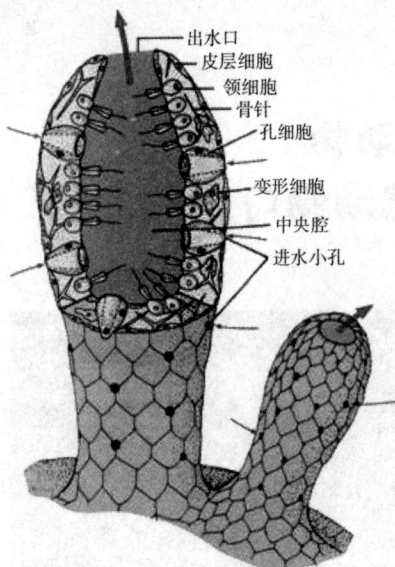

▲海绵动物的体壁模式图

自然传奇丛书

通过左图，我们可以清楚看到海绵动物由内、外两层细胞和中间的中胶层组成。外层扁平细胞是用户来调节体表的表面积和保护身体。海绵动物是没有骨骼的，它依靠骨针来支撑自己的身体。海绵动物并非完全不能移动，它们有时能进行有限的移动。但在通常情况下，它们往往固定在同一地点纹丝不动。海绵动物的身体柔软，但触摸起来却很结实，这是因为它们的内骨骼是由坚硬的含钙或含硅的杆状或星状的骨针和网状蛋白质纤维所组成的。

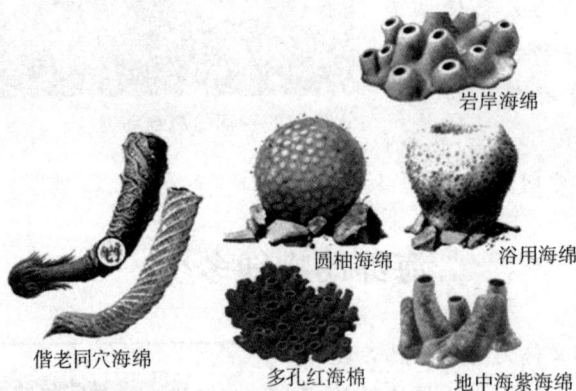

岩岸海绵
圆柚海绵
浴用海绵
偕老同穴海绵
多孔红海棉
地中海紫海绵

▲丰富多彩的海绵种类

小资料——象征爱情的偕老同穴

偕老同穴属于海绵动物门，它外形如花瓶，因其精致的白色网络状体形又

被称为"维纳斯花篮"。

偕老同穴生活在深海中，体长通常为30～60厘米，最长可达1米多。偕老同穴的腔隙同其他海绵动物一样，是小动物喜欢栖居的场所，其中最为有趣的是其与一种叫作俪虾的动物共栖的现象。当俪虾还是幼体时，便成双结对地经偕老同穴体表的小孔进入中央腔里生活。当俪虾的身体逐渐长大后，就再也无法从海绵体内出来了，于是便一直呆在偕老同穴的腔中，从而白头到老。所以，偕老同穴的干制标本常被作为定情信物赠送给心上人，象征着永恒的爱情和忠贞的信念。

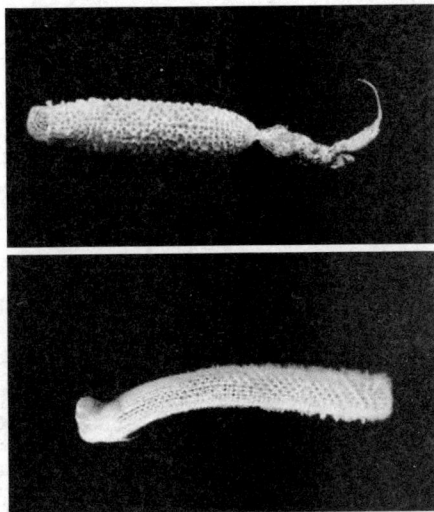

▲偕老同穴

知识库——海绵动物的价值

海绵动物虽然是最低等的多细胞动物，但其药用历史非常悠久，近年来国内外科学家在海绵动物的体中提取了一些抗菌、抗病毒和抗肿瘤的活性成分，增加了该门动物的药用种类、范围和价值。如从红胡子海绵中提取了具较强的抗菌作用的Ectyonin；从绿色海绵中提取了具抗癌活性Halitoxin；从多种海绵体内提出的"海绵胸腺嘧啶"和"海绵尿核甙"是化学合成阿糖胞甙的基质，该物质不但是一种有效的抗病毒药物，而且又是目前国内外广泛用于治疗肿瘤的有效药物。

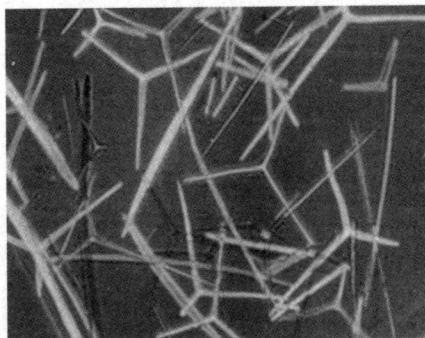

▲海绵动物的骨针

另外，深海的偕老同穴海绵所拥有的骨针在构造上与光学纤维非常相似，这种海绵骨针极不容易损坏，而且完全能够适应于各种复杂环境，并有着许多其他光缆所不具备的优良性能。

美丽还是罪恶
——观察腔肠动物门

看到左图大家感觉非常漂亮，它就是我们熟悉的腔肠动物——海葵，它们绚烂多姿，灿烂无比。可是大家知道吗？在这份漂亮的背后其实是一份危险，为什么要这么说呢？那么就让我们一起来学习这种让我们爱恨交织的动物——腔肠动物。

▲绚烂夺目的海葵

说说腔肠动物

腔肠动物是真正多细胞动物的开始，其他所有多细胞动物都是在此基础之上发展起来的，因此它在进化上有重要地位。

腔肠动物是真正的两胚层动物，其内外胚层的中间有中胶层。两胚层围成的腔成为原始消化腔，腔肠动物由此得名。注意哦，因为它只有一个开口，所以摄食和排泄是同一个开口。它的消化腔同时具

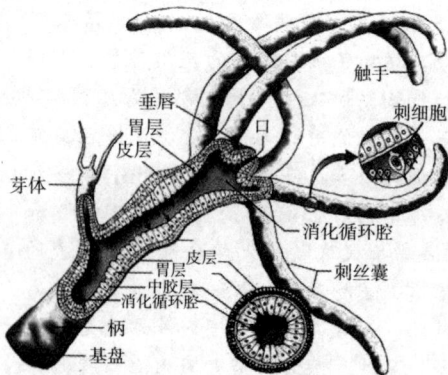

▲腔肠动物的模式图

有运输营养物质的循环系统的功能，因此又称为消化循环腔。腔肠动物已经有了各样的功能分工了，其中大部分为上皮组织，上皮组织的特点是在细胞内含有肌原纤维，可以收缩，称为上皮肌肉细胞。同时上皮肌肉细胞具有神经传导功能。腔肠动物有两种基本的形态，一种是水螅型，适应固着生活；一种是水母型，适应漂浮生活。

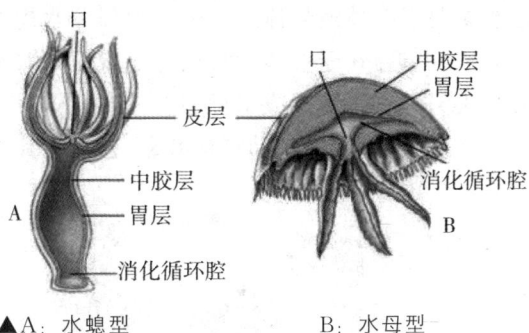

▲A：水螅型　　　　　　　B：水母型

知识库——腔肠动物的刺细胞

刺细胞为腔肠动物所独有，呈椭圆形，触手部含有的刺细胞数目最多。刺细胞内侧含一个细胞核和一个刺丝囊，囊内有毒液及一条盘旋的刺丝管。刺细胞外侧有一刺针，当刺针受到刺激时，刺丝立即翻射出来，把毒液射入敌害或捕获物中，使之麻醉或死亡（如右图）。但令人遗憾的是，所有这些刺细胞都只能使用一次，一旦刺丝射出后，刺细胞就会逐渐萎缩衰亡。

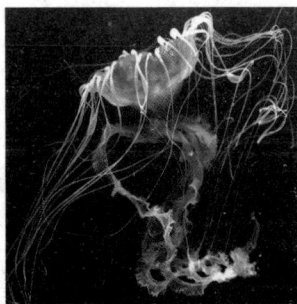

▲水母的"毒触手"

丰富多彩的腔肠动物

水螅纲

该纲的动物绝大多数生活在海中，少数生活在淡水中。腔肠动物的淡

自然传奇丛书

水种类是以单体或群体生活的，大部分水螅纲的生活史中有水螅型和水母型，或同时存在于群体中形成二态或多态，或交替出现形成世代交替；少数种类只存在水螅型或水母型。

常见水螅纲的代表动物有水螅、筒螅、薮枝虫、桃花水母、僧帽水母等。

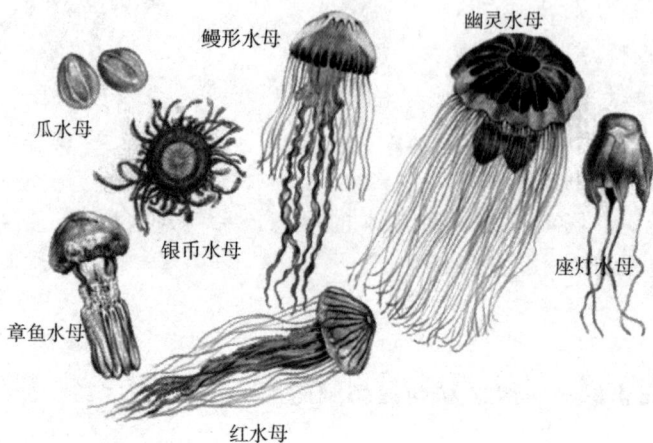

▲水螅纲代表动物

自然传奇丛书

知识库——台风的破坏性

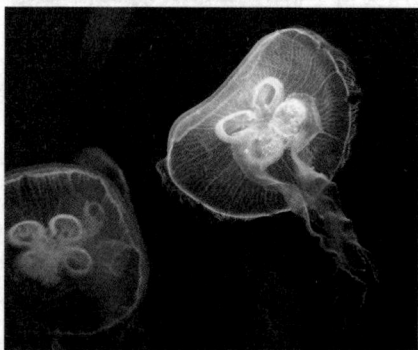

▲桃花水母

桃花水母，一听这名字就会觉得很美。

桃花水母又称"桃花鱼""降落伞鱼"，常见于温带淡水中，其形状如桃花，并多在桃花季节出现，故取名为桃花水母。它们通体透明，像悠然漂浮在水中的小伞；它们无头无尾，呈圆形，晶莹剔透，柔软如绢，钟形身体的边缘有数百根短触手，像飘落水中的桃花表演着"花样游泳"。最引人注目的是，它们内部有五个触角状的物体，这些物

体呈现桃花形状。

桃花水母身体分为三部分：一是圆形的伞体，依靠其收缩运动来进行游动；二是触手，其作用有二，既可以在游动中用来控制运动方向，又可利用上面刺细胞来捕捉和麻痹猎物；三是其他部分，包括生殖器、缘膜、消化系统、平衡囊等。

桃花水母是一种濒临绝迹、古老而珍稀的腔肠动物，最早出现在15亿年前，由于其对生存环境有极高的要求，活体又极难制成标本。桃花水母最神秘之处在于会突然现身，经数日或十几日又悄然无踪。由于它们生命周期短暂，因此生命对它们来说只是"昙花一现"。

其珍贵程度不亚于大熊猫，被国家列为世界最高级别的濒危生物，已与大熊猫、金丝猴等成为中国保护动物红色目录中的一级保护动物。

钵水母纲

该纲的动物全部生活于海水中，生活史主要阶段是单体水母，水母型构造比水螅水母复杂。

该纲的代表种类有各种大型水母，如海月水母、海蜇。

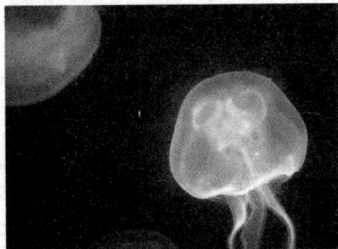

▲海月水母

小资料——钵水母纲的海蜇

爱与恨的纠结——海蜇

海蜇蜇体呈伞盖状，通体呈半透明，也有青色或微黄色，海蜇伞径可超过45厘米、最大可达1米，伞下8个加厚的腕基部愈合，下方口腕处有许多棒状和丝状触须，上有密集刺丝囊，1克刺丝囊含有5500万个单刺丝囊，新鲜海蜇的刺丝囊内含有毒液，捕捞海蜇或在海上游泳的人不小心被海蜇触伤，会引起皮肤红肿热痛、表皮坏死，并伴有全身发冷、烦躁、胸闷、伤口疼痛难忍等症状，甚至休克，抢救不及时可危及生命。一般在捕捞后，经加工处理，毒液的毒性可迅速消失。

海蜇虽然有毒，但其营养价值极高，是一种低脂肪、高蛋白质和富含无机盐

海月水母

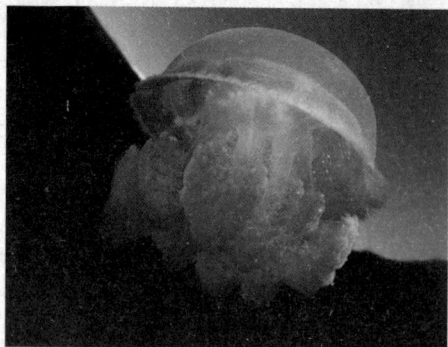

▲ 新鲜海蜇

▲ 珊瑚纲

类的水产品，据测定：每百克海蜇含蛋白质 12.3 克，碳水化合物 4 克，钙 182 毫克，碘 132 微克，以及多种维生素；海蜇还是一味治病良药，中医认为海蜇有清热解毒、化痰软坚、降压消肿之功效。近年来研究发现从事理发、纺织、粮食加工等与尘埃接触较多的工作人员，常吃海蜇，可以去尘积、清肠胃，保护他们的身体健康。

在明代，渔家就已经知道新鲜海蜇有毒，必须用食盐、明矾腌制，浸渍去毒滤去水分，才可食用。加工后的产品，伞部者为海蜇皮，腕部者为海蜇头。古往今来，海边渔家为贪海鲜美味，食鲜海蜇而引致中毒者也屡见不鲜。另外，海蜇也和其他海产品一样，很容易受到嗜盐菌等细菌的污染，食用前注意其卫生问题，避免因细菌污染而引起食物中毒。

柔软的动物
——触摸软体动物门

▲各种各样漂亮的贝壳

常见的蜗牛、螺类、河蚌、乌贼等，因为它们常有贝壳故被称为贝类，美丽的贝壳就是软体动物给这个世界留下绚烂的点缀。那么究竟什么是软体动物呢？带着这个疑惑，让我们一起遨游软体动物的神奇王国吧！

软体动物概况

软体动物门在动物界中排行老二，仅次于老大节肢动物门。软体动物顾名思义身体柔软，其身体左右对称，通常有壳，无体节，有肉足或腕，也有足退化的。外层皮肤自背部折皱成所谓外套，将身体包围，并分泌保护用的石灰质介壳。呼吸用的鳃生于外套与身体间的腔内。

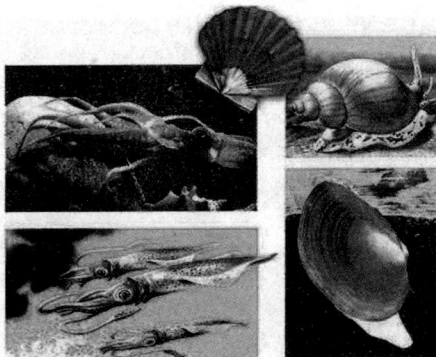

▲各种各样的软体动物

该门动物全世界有13余万种，分布广泛，从寒带到热带，从海洋到河流湖泊，从平原到高山，随处可见。我们常见的有鲍鱼、田螺、蜗牛、蚶、牡蛎、文蛤、章鱼、乌贼等。

软体动物由头部、足部、内脏囊、外套膜和贝壳等五部分组成。因为大多数软体动物体外覆盖有各式各样的贝壳，所以通称贝类。

▲蜗牛

由于软体动物的贝壳华丽、肉质鲜美、营养丰富，很久以前就已被人类利用，如海产的鲍、玉螺、香螺、泥螺、蚶、贻贝、扇贝、牡蛎、文蛤、蛏、乌贼、枪乌贼、章鱼，淡水产的田螺、螺蛳、蚌，还有陆地栖息的蜗牛等。其中不少动物可供药用，如鲍的贝壳（中药称石决明），宝贝的贝壳叫海巴，珍珠、乌贼的贝壳叫海螵蛸，以及蚶、牡蛎、文蛤、青蛤等的贝壳等都是中药的常用药材。但也有一些种类有毒，能传播疾病，如在淡水和陆生的软体动物中，椎实螺是肝片吸虫的中间宿主，钉螺是血吸虫的中间宿主。还有一些种类能危害农作物，损坏港湾建筑及交通运输设施，对人类有害。

自然传奇丛书

软体动物门的结构特征

▲乌贼

头部位于身体前端，有口、眼、触角等感觉器官。部分种类头部发达（如乌贼），行动迟缓或营固着生活的种类头部退化，甚至消失。

足部位于头部后方腹面，为运动器官，因为不同动物的生活方式不同及对外界环境的适应而表现出各种不同的形状。

内脏团位于足的背部，其中消化、循环、排泄、神经及生殖

器官都集中于此。

外套膜向腹面延伸，常常包裹着整个内脏团及鳃，外套膜与内脏团之间的空腔叫外套腔，它与外界相通。

贝壳是软体动物的重要特征之一，大多数种类有1~2个或多个贝壳，少数种类退化甚至完全消失。

小资料——软体动物门的贝壳

▲ 美丽的贝壳风铃

▲ 光彩夺目的珍珠

贝壳的形态差异很大，具体成分：95%是碳酸钙，其余为壳质素。它们都是由外套膜表面皮细胞分泌出来的。

贝壳由三层组成。外层是角质蛋白形成的壳素层，非常薄，呈黑褐色或其他颜色，能抵抗酸、碱等物质的侵蚀。中层较厚，主要由碳酸钙结晶形成的许多小棱柱体排列而成，非常致密，又称棱柱层。内层是珍珠层，由蛋白质和碳酸钙结晶形成的片层结构组成，色泽鲜艳、光亮。

贝壳的外、中层是由外套膜边缘分泌的，会随着动物的生长可以不断增大，但不能增厚，内层是由整个外套分泌的，随动物的生长可不断增厚，我们常见的珍珠就是在贝壳里面的。

科技文件夹——神秘珍珠的形成过程

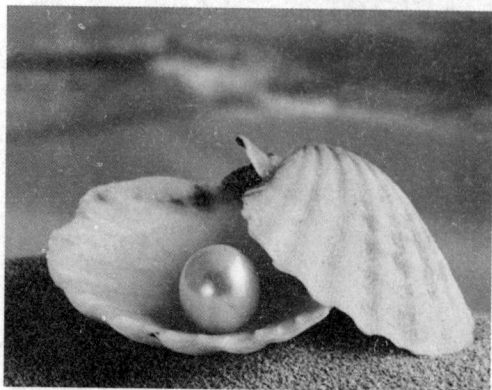

▲贝壳中晶莹剔透的珍珠

一般的情况下，珍珠质被分泌出来之后，只是一层又一层地累加起来，形成贝壳的形状，是一片一片的。有时当蚌在进食时，它的壳张开，砂粒、小虫或虫卵等异物，偶然侵入蚌壳内，与部分外套膜表皮细胞一起陷入蚌的结缔组织，沙粒等异物就会不断刺激该处的外套膜，外套膜受到刺激，它就会分泌出珍珠质，把掉进去的异物层层裹住，形成珍珠囊，一层层包围，久而久之，就在沙粒等异物外面包上一层厚厚的珍珠质，于是就形成了一粒粒圆圆的漂亮的珍珠了。养殖珍珠就是根据此原理，运用插核技术将圆形珠植入蚌内，便形成了珍珠。

天然珍珠形成的原因有以下两种。

一种是有核珍珠的形成，砂粒、小虫或虫卵等异物偶然侵入蚌壳内，与部分外套膜表皮细胞一起陷入蚌的结缔组织，表皮细胞组织分裂增殖成珍珠囊，包围异物，分泌珍珠质，最终形成珍珠。

另一种是无核珍珠的形成，当外套膜表皮细胞组织的一部分因病变或受伤等原因，脱离原来的部位，进入结缔组织中，分裂增殖形成珍珠囊而形成珍珠。

一节又一节
——识别环节动物门

还记得下过雨后街道上田地里到处都可以见到蚯蚓吗？那个时候我们除了觉得蚯蚓长得恶心不提，更关键的是用小刀切断它的身体后，我们惊奇地发现蚯蚓竟然还可以活着。

这是怎么一个回事呢？难道说猫有九命，蚯蚓也有顽强的生命力？让我们一起了解环节动物门吧，我相信你会有意想不到的收获的。

▲环节动物门

说说环节动物门

环节动物在动物进化上发展到一个较高的阶段，是高等无脊椎动物的开始，通常认为环节动物起源于扁形动物涡虫纲，但其消化、循环和排泄系统更完善复杂，神经系统更集中，因而是比

分节作为节肢动物分部的基础，疣足作为节肢动物的附肢雏形以及中枢神经系统的相似性，说明了环节动物与节肢动物之间的关系。

上述动物更进化的类群。也有专家认为环节动物起源于海洋，可能由担轮幼虫的祖先演化而来。

环节动物体外有由表皮细胞分泌的角质膜，体壁有一外环肌层和一内纵肌层。通常有几丁质的刚毛，按节排列。身体为两侧对称。已记载的环节动物约为13000种，常见有蚯蚓、蚂蟥、沙蚕等，体长从几毫米到三米。

分布于海洋、淡水或潮湿的土壤，是软底质生境中最占优势的潜居动物。

环节动物门的特征

身体分节

环节动物身体由若干相似的、沿身体中轴重复排列的体节或环节构成，相邻体节间外部有环形沟或体环、内部以隔膜分界。除前端两节和体末端一节之外，其余各体节形态（部分内部器官）上基本相似，称为同律分节。

环节动物的分节存在下面两个情况：一是同律分节：除前两节和最后一节外，其余各体

▲常见的蚯蚓

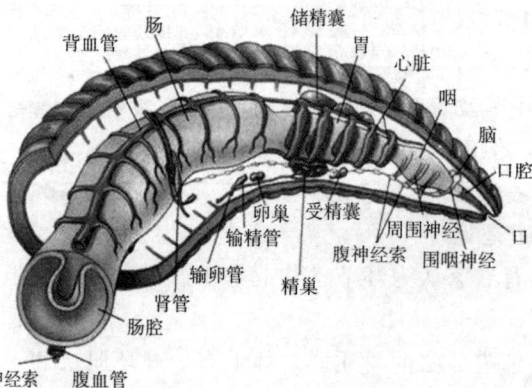

▲环节动物结构模式图

节在形态和功能上基本相同，如蚯蚓。二是异律分节：有些种类，身体各节在形态和功能上有明显不同，如沙蚕。不分节——同律分节——异律分节——身体分部是动物外形的演化历程。

形成真体腔

体腔是由中胚层体腔囊发育而来的。最早出现的体腔是线形动物的假体腔，而真体腔是由体壁中胚层和肠壁中胚层围成的腔。真体腔是继假体腔之后出现的，也称次生体腔。中胚层形成的真体腔，使消化管与体壁相互隔离，然后再产生循环、排泄等器官，消除对消化管的依赖；真体腔的另一个重要作用是体壁与脏壁的肌肉分别发展，促进机体运动功能和消化机能的提高。

索式神经系统

环节动物体前端咽背侧由一对咽上神经节愈合成脑，由愈合的咽下神经节向后发出腹神经索，腹神经索是由两条腹神经合并而成，在每一体节内形成一个神经节。各神经节串联形同索链，故称索式（链式）神经。

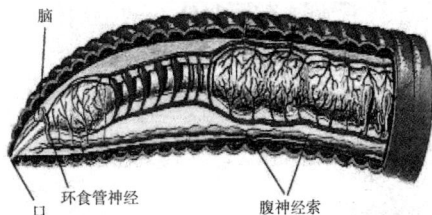

▲ 蚯蚓的神经

闭管式循环系统

从环节动物开始出现的血液循环系统，由背血管，腹血管，心脏和遍布全身的毛细血管网组成一个封闭的系统，各血管以微血管网相通，血液始终在血管内和心脏里流动，不流入组织间，因而称为闭管式循环，闭管式循环系统是一种较高级形式的循环系统，其循环速度快，运输效能高。

闭管式循环系统血液循环的途径：背血管血液由后向前流动，到达环血管后由背向腹方向流动，然后由腹血管收集血液，从体前向后流动。

有的环节动物的血液呈红色，是因为血浆中血色蛋白含铁元素，呈红色，叫血红蛋白，但血液中的细胞是无色的。有少数多毛类环节动物的为绿色，是因为血液中血色蛋白含钒元素，故呈绿色，叫血绿蛋白。血绿蛋白的输氧能力比血红蛋白逊色许多。

环节动物通过湿润的体表或富于微血管的疣足与外界进行气体交换。

自然传奇丛书

后肾管

比较原始的环节动物的排泄器官仍为原肾管，由管细胞与排泄管构成。多数环节动物具有按体节排列的后肾，典型的后肾管为一条迂回盘旋的管子，一端开口于前一体节的体腔，具有带纤毛的漏斗，称为肾口；另一端开口于本体节的体表，称为肾孔，排泄物直接由肾口进入管内，效率更高。肾管上密布微血管，故后肾管除排泄体腔中的代谢产物外，还可排除血液中的代谢产物和多余水分。

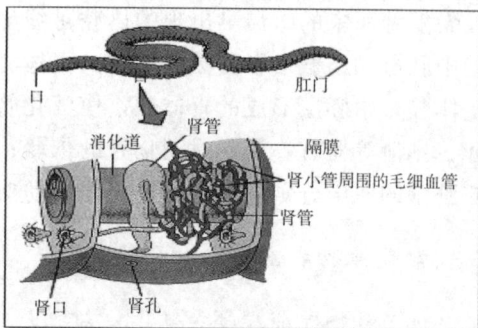

口　　肛门
消化道　肾管　隔膜
肾小管周围的毛细血管
肾管
肾口　肾孔

▲后肾管

知识库——环节动物的水蛭

a

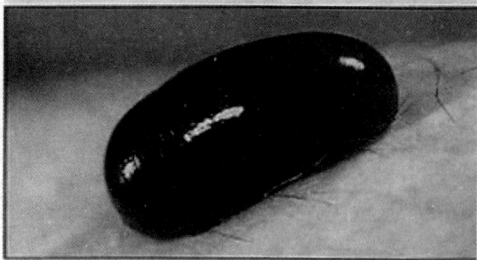

▲上图：吸血前　　下图：吸血后

水蛭是属于环节动物的蛭纲，各大洲的湖泊和池塘里都有水蛭。水蛭通过嗅觉来感知水中的振动从而探测猎物。

水蛭的进攻悄无声息，要是有水蛭咬你，除非你看到了它，否则你是不会有知觉的，这是因为它们唾液中含有麻醉成分，抑止了我们的防卫反应。

水蛭的嘴呈圆形锯子状，它用嘴切开组织、形成伤口，再用强大的吸力吸出我们的血。水蛭拥有300多颗微小的牙齿，可以用来磨穿肌肉。它们吸血时，身体

自然传奇丛书

会膨胀，变成一个血囊。一旦被水蛭咬伤后，伤口就会流血不止，那是因为水蛭的唾液中含有强效抗凝血剂。

小贴士——水蛭入药

在我国古书《神农本草经》中记载，水蛭具有很高的药用价值，经干燥后全体入药，具有活血、散瘀、通经的功效。在临床上多用于闭经、血瘀腹痛、跌打损伤、瘀血作痛等病症。

近年来有用活水蛭吸取术后瘀血、使血管畅通；又用水蛭配其他活血解毒药，应用于治疗肿瘤。可以利用活水蛭和纯蜂蜜制成一种注射剂，经结膜注射能治疗角膜斑翳初发期的膨胀性老年白内障。

国内外医学家纷纷利用水蛭开发出各种治疗心脑血管类疾病的药物，我国的各大制药集团也利用水蛭研制开发并生产了上百种新药、特药和中成药，如欣复康、活血通脉、溶栓胶囊、血栓心脉宁、脑血康片、抗血栓片、脑心通、通心络等，这些药品投入市场后，很快成为畅销品。

此外，我国遍于城乡各地的各类中医院（所）也将水蛭作为常用配方。

神秘的三最动物
——洞悉节肢动物门

为什么说它"三最",下面就逐一解释。

种类最多:已知 110 万～120 万种,占动物界总数 80% 以上。

数量最大:沙漠中飞蝗集群,飞起来覆盖面积无法比拟。

分布最广:令人惊奇,几乎没有节肢动物不能生存的空间。

▲蝗灾

下面我们来具体地了解这个动物界的"超级明星"。

节肢动物门的概况

▲三叶虫化石

节肢动物门是动物界中最大的一门,通称节肢动物,它包括人们熟知的虾、蟹、蜘蛛、蚊、蝇、蜈蚣以及已绝灭的三叶虫等。

节肢动物的外骨骼中含有几丁质,这些外骨骼由一列体节构成,每节有一对分节的附肢。全世界的节肢动物约有 100 万余种,估计还有约四分之一的种类有待发现。身体大小从体长不到 0.1 毫米到 4 米,这真是让人震惊。

节肢动物生活环境极其广泛，无论是海水、淡水、土壤、空中都有它们的踪迹，有些种类还寄生在其他动物的体内或体外。

节肢动物门的形态特征

身体分部

节肢动物登陆以后，为顺应陆上多变的环境，增强了运动，发展了有关的结构，趋利避害，使它们立于不败之地。节肢动物身体自前而后分为许多体节，这对运动的增强至关重要。节肢动物是异律分节，体节发生分化，其机能和结构互不相同。

▲甲壳纲的虾

节肢动物的形态有很大区别，有的分头和躯干部，如多足纲的蜈蚣；有的分头、胸、腹三部，如昆虫纲；有的分头胸部（前体部）和腹部（后体部），如甲壳纲的虾和蛛形纲的蜘蛛。

节肢动物身体出现分部，在生理机能上同时也出现了分工：感觉和取食中心在头部，运动和支持中心在胸部，营养和繁殖中心在腹部。

具混合体腔和开管式循环系统

节肢动物的体腔在发育早期也形成中胚层的体腔囊，继续发育的过程中不扩展为真体腔，而退化为生殖管腔、排泄管腔和围心腔。在以后的发育过程中，围心腔壁消失，使体壁和消化道之间的初生体腔与围心腔的次生体腔相混合，形成混合体腔。混合体腔内充满血液，也

▲水蚤

自然传奇丛书

称为血腔。

混合体腔中的血液经心脏、动脉、血腔、心孔之后再返回心脏。心脏能自主搏动，血流有一定方向。肠道所吸收的养料可透过肠壁进入血液内，然后再随血流分送到身体各部分。昆虫等大多数节肢动物的血液就只输送养料，而氧气和二氧化碳等的输导则全依赖气管。

有一点值得注意：节肢动物循环系统的复杂程度与呼吸系统的复杂程度呈反比关系：呼吸系统简单，循环系统复杂，如虾；呼吸系统复杂，循环系统简单，如昆虫；用体表呼吸的小型节肢动物循环系统消失，如水蚤。

知识库——高效的呼吸器官

水生节肢动物中有一部分以鳃呼吸，而鳃是体壁的外突物，如果暴露空气中，易使动物体内大量水分蒸发，危及生命。为数众多的陆栖节肢动物个体较大，活动又较剧烈，如果只通过体表的扩散性呼吸，不足以获得足够的氧气，特别由于体表有坚厚的外骨骼，更不宜于扩散性呼吸。因此在漫长的适应过程中，陆栖节肢动物形成另一种呼吸器官，即气管。

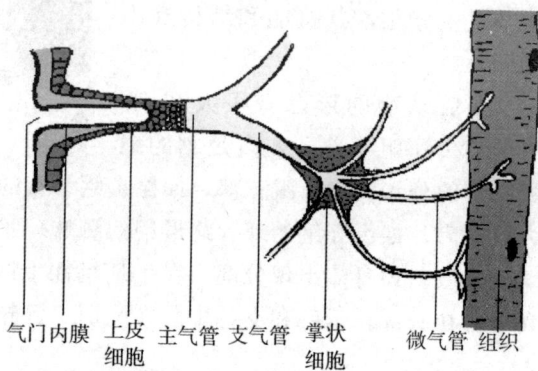

气门内膜　上皮　主气管　支气管　掌状　　　微气管　组织
　　　　　细胞　　　　　　　　细胞

▲节肢动物的气管结构示意图

气管是体壁的内陷物，不会使体内水分大量蒸发，其外端有气门和外界相通，内端则在动物体内延伸，并一再分枝，布满全身，最细小的分枝一直伸入组织间，直接与细胞接触。一般动物的呼吸器官，无论鳃还是肺，都只起到交换气体的作用，对动物身体内部提供氧气和排放二氧化碳都要通过血流的输送，唯独节肢动物的气管却可直接供应氧气给组织，也可直接从组织排放二氧化碳，因此气管是动物界高效的呼吸器官。

排泄器官

随着代谢作用的兴旺，节肢动物产生了新的排泄器官，即马氏管。从中肠与后肠之间发出的多数细管，直接浸浴在血体腔内的血液中，能吸收大量尿酸等蛋白质的分解产物，使之通过后肠，与食物残渣一起由肛门排出。

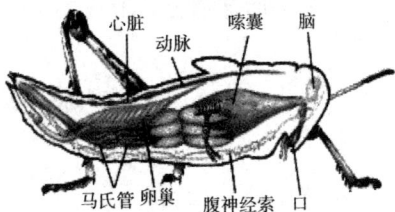

心脏　动脉　嗉囊　脑

马氏管　卵巢　腹神经索　口

▲昆虫的马氏管

神经系统和感官系统

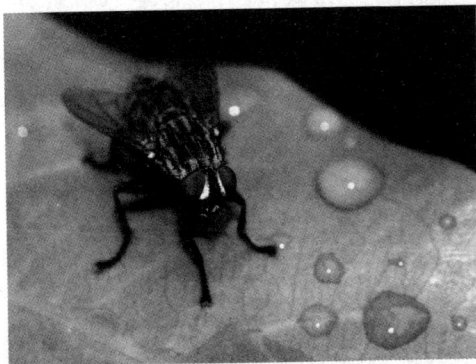

▲苍蝇的复眼

在增强运动器官的同时，节肢动物还必须发展感觉器官和神经系统，方能及时感知陆地上多样和多变的环境因子，迅速作出反应。节肢动物有触觉器、化感器和视觉器等3种主要感觉器官，这些器官都十分发达。就视觉器而言，除单眼外，还具备结构复杂的复眼；复眼不仅能感知光线的强弱，还可形成物像。

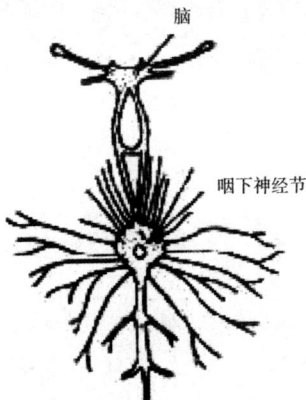

随着感觉器官的发达，神经系统也不断增强。虽然节肢动物的中枢神经系统像环节动物一样，基本上仍然保持梯形，但神经节有十分明显的愈合趋势。神经节的愈合提高了神经系统传导刺激、整合信息和指令运动等机能，更有利于陆栖生活。节肢动物头部内位于消化道上方的前3对

脑

咽下神经节

▲节肢动物的神经系统

自然传奇丛书

神经节愈合为脑，分别形成前脑、中脑与后脑3部分，这比环节动物只由一对神经节演变成的脑要发达得多。节肢动物处在消化道下方的头部后3对神经节也同样愈合，形成一个食道下神经节（咽下神经节）。

节肢动物门的分类

原节肢动物亚门

原节肢动物亚门动物身体呈蠕虫状，没有坚硬的外骨骼和分节的附肢。本亚门同时具有环节动物和节肢动物的特点，都是陆生的，用气管呼吸，代表生物是柞蚕。

▲柞蚕

真节肢动物亚门

真节肢动物亚门动物体分节，附肢也分节，共5纲。

蛛形纲：蛛形纲动物是陆生螯肢动物，用书肺呼吸空气。身体分头胸部和腹部，头胸部有6对附肢，即一对螯肢、一对脚须（触肢）和4对步足；无触角；腹肢几乎完全退化。我

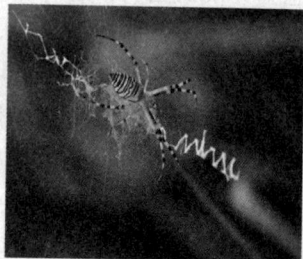

▲蜘蛛

自然传奇丛书

们最为熟悉的代表生物是蜘蛛。

蛛形纲中不少种类捕食害虫，在保持生态平衡上有一定的作用。

肢口纲：是大型有鳃的水生动物，身体分为头脑部和腹部，头脑部有6对附肢，即一对螯肢和5对步足；无触角，用鳃呼吸，代表生物是鲎，被称为活化石。

多足纲：体长形，分头和躯干二部，一般背腹扁平。身体分头部和躯干部，躯干部由许多体节组成，每节有1～2对前足。用气管呼吸，排泄为马氏管。常见的代表生物有蜈蚣、马陆等。多足纲动物足虽多，但行动迟缓，喜欢居住在阴暗潮湿的地方，常栖息于树皮、落叶、石头或苔藓下面的洞穴中，喜食腐烂的植物。

甲壳纲：甲壳纲动物绝大多数水生，用鳃呼吸，体分节，胸部有些体节同头部愈合，形成头胸部，上被覆坚硬的头胸甲，每个体节几乎都有1对附肢。多数可供人类食用，如各种虾和蟹等。

昆虫纲：3.5亿年前昆虫就在地球上出现了，是整个动物界中最大的一个类群，身体分头、胸、腹三部分，头部还有一对触角。

▲黄道蟹

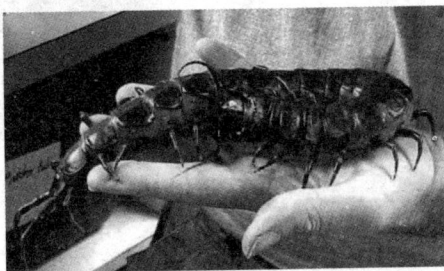

▲巨型蜈蚣

▲昆虫标本

昆虫在生态圈中扮演着很重要的角色，许多虫媒植物传粉需要昆虫的帮助，没有昆虫，被子植物将无法繁殖，整个生态系统将崩溃。

自然传奇丛书

小资料——肢口纲中活化石 "鲎"

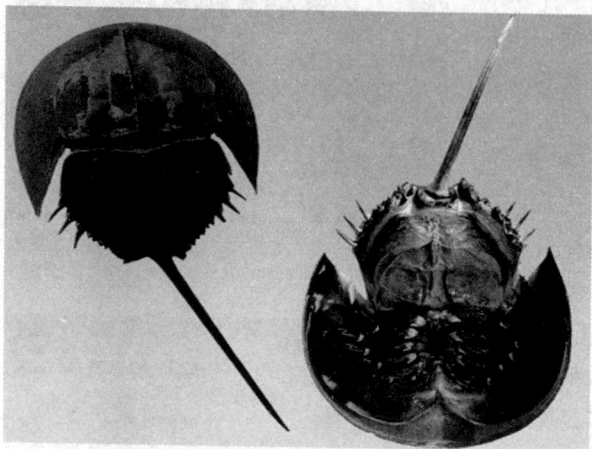

▲鲎

鲎是海中的活化石，它的出现可能比恐龙还要早。如今恐龙早已灭绝了，而鲎经历了一场场灾难奇迹般地存活至今，而且形态也没有发生变化，这是什么原因呢？

美国科学家认为：这些活化石从 2.5 亿年前就已经停止进化，能够存活至今得益于非常规的身体机制。研究发现，鲎的体内有非常独特的免疫系统，可以防止受到海水中病原体的感染。当病毒或微生物侵入鲎体内后，鲎的蓝色血液就会作出的反应，快速凝固血液，让侵入物失去生存条件。如一接触到霍乱弧菌，鲎的血液就会立即凝固，令细菌失去繁殖作用。随后，血液就会形成一道屏障，阻止其他细菌入侵。

人类的近亲
——探秘棘皮动物门

当你在海边的岩礁、海藻间漫步的时候，你可以见到一些动物，如海星、海胆、海参等。因为这些动物的身体表面都长有许多长短不一的棘突起，所以这些动物又称为棘皮动物。

棘皮动物的身体构造还比较有意思，均呈辐射对称，主要是五辐射对称。棘皮动物全部为海产，在陆地和淡水中绝对找不到它们的踪影。到目前为止，在中国海域中共记录有棘皮动物约 600 种。

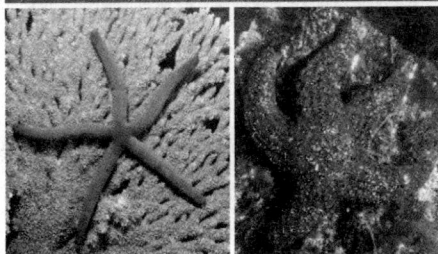

说说棘皮动物门

棘皮动物门在动物演化上属于

▲多彩多姿的海星

自然传奇丛书

后口动物。之所以称为后口动物那是因为很多的动物的原肠胚孔形成口，而棘皮动物的原肠胚孔形成肛门，口部是后来形成的，因此称之为后口动物。棘皮动物为无脊椎动物中最高等的类群。由于棘皮动物的胚胎形成方式和脊索动物一样，所以它们虽然看起来原始，但实际上是脊索动物的近亲。

下图是棘皮动物的内部解剖图，大家可以看看。这其中，棘皮动物的体壁由上皮和真皮组成。它有独特的水管系和管足，运动迟缓，神经和感官都不发达，全部生活在海洋中。

多数棘皮动物是雌雄异体，一般进行有性生殖。此外，棘皮动物的内骨骼多为一球形、梨形、瓶形、薄饼形和星形的钙质壳。壳由许多骨板组成，壳上有口、肛门、水孔等并有五条自口向外辐射对称排列的步带，步带之间为间步带。

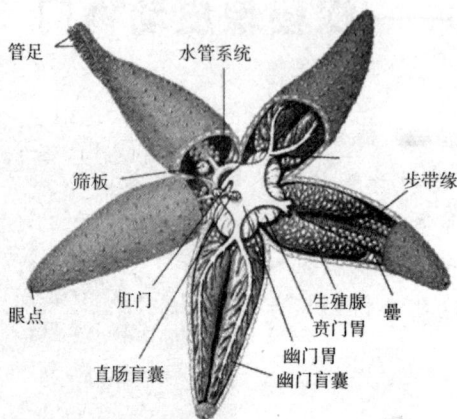

▲棘皮动物的内部解剖图

科技文件夹——我国科学家破解棘皮动物起源之谜

2004 年 7 月 22 日，英国《自然》杂志以其最高研究论文规格形式发表了中国地质大学和西北大学教授舒德干等人的学术论文《中国澄江化石库发现棘皮动物始祖化石》，标志着在早期动物演化史研究中，我国科学家破解了棘皮动物起源这一长期困惑学术界的重要难题。

更有意义的是，这次发现棘皮动物门的始祖类型即古囊动物化石，是后口动物谱系中最为奇特的重要类群。连同过去在《自然》和《科学》杂志上报道的关于半索动物、头索动物、尾索动物等重要发现，首次勾勒出迄今最完整的、包括现生的主要类群以及多种重要绝灭类群在内的后口动物演化谱系图。

知识窗

古囊类棘皮动物化石的意义

一是提出了实证支撑的棘皮动物门起源的新假说；二是在演化形态学上进一步支持了古虫动物门是后口动物谱系中最原始类别的思想，初步解开了现代动物学关于后口动物谱系缺失"根底"的困惑；三是勾勒出一个完整的后口动物谱系轮廓。

高等的精彩
——追踪脊索动物门

▲鲨鱼

在动物世界里，脊索动物门可以算是最高等、进化最完整的门类了。由于这个动物门包含了脊椎动物，所以人们对它进行了广泛的研究。但其中没有脊椎的脊索动物也在进化中有很重要的地位。那么对于脊索动物我们又了解多少呢？一起来学习吧！

脊索动物门概况

脊索动物门由赫克尔定名于1874年，是根据俄国胚胎学家柯伐列夫斯基的研究，把海鞘、文昌鱼等动物和脊椎动物合并在一起而成立了这一新门。本动物门包括了4万多种动物。

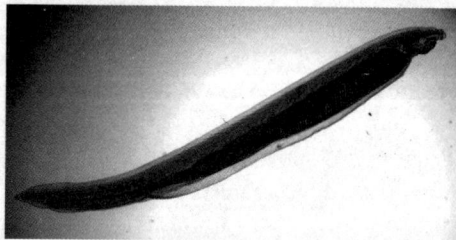

▲灵活的文昌鱼

脊索动物是动物界最高等的一门动物，其共同特征是在其个体发育全过程或某一时期具有脊索、背神经管和鳃裂。

脊索的出现是动物演化史中的重大事件，使动物体的支持、保护和运动的功能获得"质"的飞跃，这一先驱结构在脊椎动物达到更为完善的发展，从而成为在动物界中占统治地位的一个类群。

脊索动物门的分类

现存的脊索动物约有 41000 多种，分为 2 大类群 3 个亚门，其中的尾索动物和头索动物两个亚门合称为原索动物：即无真正的头和脑，又称无头类。脊椎动物属于脊椎动物亚门，脊索或多或少被脊柱所代替，脑和感觉器官集中于前端，形成明显头部，称为有头类。

尾索动物亚门

尾索动物身体表面披以一层棕褐色植物性纤维质的囊包，故又称被囊动物，单体或群体，营自由或固着生活的海生动物，体形常随生态而异。典型的代表是海鞘。

尾索动物是最低等的脊索动物，与高等脊索动物存在着演化上的亲缘关系，两者可能都是从类似海鞘幼虫型营自由生活的共同祖先——原始无头类动物演化而来。

小资料——海鞘知多少

海鞘属于脊索动物门，是尾索动物亚门的代表动物。

海鞘成体一般固着在海底岩石或船底等物上。外观像椭圆形的囊袋，顶端有一个入水管孔，侧面较低处另有一出水管孔。水流带着食物和氧进入水管孔通入体内一个大形囊状的咽部，咽壁被许多鳃裂所洞穿。鳃裂不直接开口于体外，而开口于围鳃腔。水流汇集入围鳃腔，再经出水管孔排出体外。水中微小的食物被咽壁腹侧内柱所分泌的黏液黏结成食物团，依靠鳃裂周围纤毛的摆动使水定向流动，食物团随水流向后输送，进入肠管。成体内部虽有鳃裂，但无脊索，也无

▲婀娜多姿的海鞘

自然传奇丛书

背神经管。

海鞘的幼体是一种外形似蝌蚪、在水中自由游泳的动物。尾内有典型的脊索和中空的背神经管，咽壁上有鳃裂，具备了脊索动物门的主要特征。幼体的这种自由生活状态只能持续几小时乃至一天，即沉到水底，以前端的附着突固着在水中物体上，并开始逆行变态：脊索随同尾部的退缩而消失，神经管也退化为一个神经节；咽部扩大，鳃裂数目大增加；消化管弯成U形管道，因而口孔与肛门均转向上方；体外生出具有保护作用的厚被囊，形成营固着生活的海鞘成体。

头索动物亚门

头索动物也称"无头动物"，体呈鱼形，头部分化不明显，终生具有脊索。头索动物亚门三大特征是脊索、背神经管和鳃裂，并且这三大特征终生存在，代表生物有文昌鱼。

知识库——文昌鱼

我国文昌鱼群最先发现于厦门同安县刘五店海屿上的文昌阁，文昌鱼由此而得名。

5亿年前，地球上最早的由无脊椎到脊椎的过渡——脊索动物在海洋里出现，这就是文昌鱼。文昌鱼虽然是不起眼的小动物，但它是从低级无脊椎动物进化到高等脊椎动物的中间过渡的动物，也是脊椎动物祖先的模型。经过了漫长的岁月，文昌鱼演化为各种脊椎动物，其中包括类人猿。

▲七鳃鳗

脊椎动物亚门

脊椎动物属于脊椎动物亚门，分为以下几纲：

圆口纲：无颌，又称无颌类；无成对附肢。脊索终生存在，并出现雏形脊椎骨。代表的生物是七鳃鳗。

鱼纲：又分为软骨鱼亚纲、硬骨鱼亚纲和辐鳍鱼亚

自然传奇丛书

纲。前者出现上下颌，体被盾鳞，出现成对的鳍，鳃裂直接开口于体外；后者骨骼一般为硬骨，体被硬鳞、圆鳞或栉鳞，鳃裂不直接开口于体表。

两栖纲：是个过渡种类。幼体鱼形，以鳃呼吸，成体出现 5 指型四肢，皮肤裸露，以肺和皮肤呼吸，青蛙是典型的两栖类动物。

▲青蛙

爬行纲：完全陆生。皮肤干燥，被以角质鳞、角质骨片或骨板，用肺呼吸。胚胎发育中出现羊膜，与鸟类、哺乳类共称为羊膜类。其他各纲脊椎动物称为无羊膜动物。其中鳄鱼就是典型的爬行动物。

▲欢腾的鳄鱼群

鸟纲：全身被羽，前肢变为翼，适应空中飞翔生活。血液循环为完全双循环，恒温，卵生。与哺乳类共称为恒温动物，其他动物均为变温动物。

哺乳纲：体外被毛，恒温，胎生，哺乳。

▲成双的鸟儿

广角镜——拯救海豚

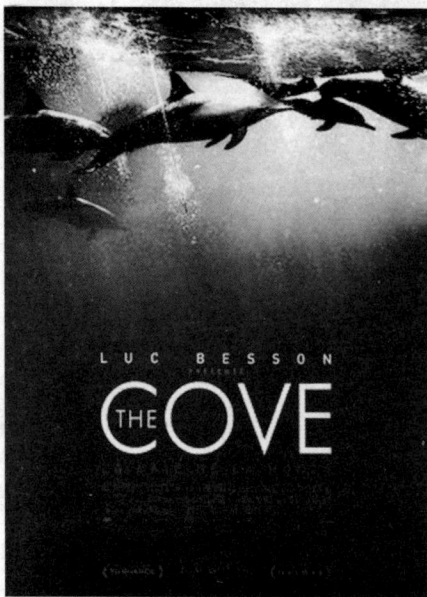

LUC BESSON

THE COVE

▲饱受争议的环保片《海豚湾》

　　海豚是我们的好朋友，它乖巧、聪明、灵性而且还拯救了无数的人类。而这么一个可爱的精灵正遭遇灭顶之灾，我们能这么无动于衷吗？

　　日本太地，是一个景色优美的小渔村，然而这里却常年上演着惨无人道的一幕。每年，数以万计的海豚经过这片海域，它们的旅程却在此戛然而止。渔民们将海豚驱赶到靠近岸边的一个地方，由来自世界各地的海豚训练师挑选合适的对象，剩下的大批海豚则被渔民毫无理由地赶尽杀绝。这些屠杀，这些罪行，因为种种利益而被政府和相关组织所隐瞒。人类为了自己的利益残酷地伤害其他的生物，这样对吗？呼吁朋友们一起拯救海豚，保护我们可爱的精灵吧！

学习智慧

羊羔在吃母乳时，常常前肢跪下，头伸向母羊腹下吸吮乳头。这一"下跪"行为使人大受感动，以为羊懂得"孝道"。

这样的行为很多，人们对动物的行为作出"拟人化"的解释，常赋予动物以人的智慧。那么究竟动物是不是真的有智慧呢，本章节将带领大家认识动物世界的学习行为，进一步认识动物的智慧吧！

你中有我，我中有你
——习惯化和印随

学习，简单地说，就是通过观察来不断调整自身行为，使动物能够更好地适应环境。

动物的学习与人的学习是不一样的，人的学习是一种后天习得、行为发生变化并且持久性的

▲齐心协力

自然传奇丛书

学习。而这里面我们给大家介绍的是动物的学习。动物学习是十分复杂的过程，下面我们来了解几种主要的学习方式。

习惯化

这是一种最简单的学习。当一种刺激反复进行时，动物的反应就会逐渐减弱，最后可以完全消失。习惯化可使动物对于环境中既无利又无弊的刺激不做反应，这是非常重要的，因为与生活无关的刺激一发生就要消耗能量而又毫无所得。

蜘蛛与音叉

聪明的蜘蛛能根据蜘蛛网的振动，分辨"来访"的客人。苍蝇飞行

时，翅膀振动的频率约每秒 200 次，把一个振动的音叉靠近蜘蛛网，蜘蛛以为撞上的是猎物苍蝇，于是迅速爬了过来。当它发现几次都没有苍蝇的时候，它对振动就不会再去理会。

美国科学家乔治夫妇也专门对蜘蛛有无记忆力作了多次试验。当他们把振动的音叉移近蜘蛛时，蜘蛛的听觉产生反应，以为是动物的鸣声，就拉一缕蛛丝跌落下来。连续这样试验下去，它共跌 9 次，最后 3 次跌不远又上去了。第二天再试验，情况和以前一样，试验显示出蜘蛛有一些记忆力，后 3 次下跌不远，说明它不愿意上当了。

▲简易音叉

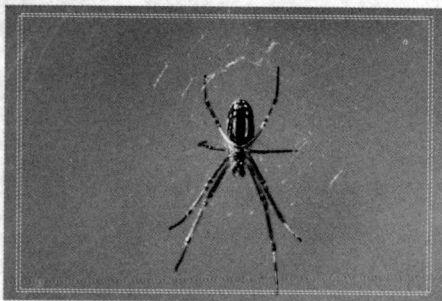

▲蜘蛛结网

动动手——观察蜘蛛习惯化反应

演出准备：①从音乐老师那里借到一个振动频率为每秒 200 次的音叉；
②一块石头。

准备好啦！现在，带着你的"乐器"和道具出发吧！

在隐蔽的角落里，你会看到蜘蛛正安静地呆在网上，等候猎物的到来。用音叉敲击石头。等它发出嗡嗡的乐声时，迅速用音叉接触蜘蛛网。奇迹发生了！突然，蜘蛛迅速朝声音发出的地方爬过来。这时，作为演奏家的你，是不是特别得意呢。

多重复几次，看看蜘蛛是不是这么"听话"呢？

印随

新孵化出来的雏鸭总是会随着母亲，在母亲走下河水中就会随着母亲一起走向河水。鸡、鸭、鹅等对第一次接触的能活动并且较大的动物都会紧随其后，这就是印随。这说明动物已经将所接触的物件"刻入"脑中了。

雏鹅"识母"

奥地利动物行为学家劳伦兹曾利用人工孵化鹅蛋设计了一个试验。

试验用孵化箱代替母鹅孵蛋，所以雏鹅一孵出来最先接触的是劳伦兹而不是母鹅，而他成了雏鹅的印随对象。当他走开时，雏鹅竟排成一长列跟随其后，并跟随着劳伦兹下水游泳。更令人震惊的是，几个月后，雏鹅长大了，鹅群中的雄鹅竟然对雌鹅不感兴趣，却对劳伦兹或别人作求爱的表示。

▲雏鹅印随

名人介绍——劳伦兹

劳伦兹，奥地利动物行为学家，现代行为生物学的奠基人，1903 年 11 月 7 日生于维也纳。他自幼酷爱动物，尤其喜欢饲养鸟类。1928 年他于美国哥伦比亚大学毕业后留校任比较解剖学助教，1933 年获博士学位。1936 年，任德国《动物心理学》杂志副主编。1937 年，任维也纳大学讲师。1958～1973 年，在西维森的马克斯·普朗克行为生理学研究所工作，1961 年任该所所长。1973 年在奥地利科学院比较行为研究所动物社会学系任系主任。劳伦兹认为，动物的行为是对环境适应的产物。动物行为的方式是能遗

▲劳伦兹

传的。因而创立了一个新的研究学派——欧洲自然行为学派。

1988 年 2 月 27 日，劳伦兹与世长辞，享年 85 岁。

你知道吗？

印随学习在进化上有意义，动物出生后首先接触的一般是它的母亲。许多哺乳动物通过印随学习建立亲子联系，母兽因此而不至于认错子女，从而有利于自己基因的传播，有利于保护本物种的基因库。

学以致用——联系学习

▲小狗"算术"

"一朝被蛇咬，十年怕井绳"，这是大家最熟悉不过的谚语，因为井绳跟蛇很相似，被蛇咬过的人一见到井绳就会自然想到蛇，从而产生惧怕井绳的心理，这是人们习以为常的联系反应。平时我们经常会看到马戏团表演如鸟能认钱、狗能做算术，是什么使得动物也能够跟人类一样学习呢？动物的习得过程又是怎么样的一种过程？又需要什么样的条件？一起学习这节内容，寻找答案吧！

经典条件反射

条件反射就是某种中性刺激原先与反应本身没有任何联系，但这种中性刺激与无条件刺激相联系后，每回呈现这种中性刺激就会有对应的反应，这种过程叫作条件反射。中性刺激叫作条件刺激，引起的反应可叫作条件反应。

▲巴甫洛夫条件反射的实验装置

巴甫诺夫的条件反射理论是通过研究狗的唾液分泌方式实验来说明的，该实验是心理学中最著名的实验之一。巴甫诺夫在实验中先摇铃再给狗食物，狗一看到食物就会分泌唾液，如此反复。反复次数少时，狗听到摇铃的时候产生少量唾液；但经过几十次重复后，铃声刺激可以使其产生大量唾液。经过许多重复练习，仅仅听到铃声后，狗就开始大量分泌唾液。在这个过程中，食物是非条件刺激——即已有的一种反应诱因；分泌唾液是非条件反应——对非条件刺激的非条件反应，铃声是条件刺激——一种被动引起的非条件刺激的反应。

巴甫诺夫的实验中，食物和铃声之间的联系重复，最终导致狗将食物和铃声联系起来并在听到铃声时分泌唾液，这种由铃声刺激引起的唾液分泌的反应叫作条件反射。条件反射是后天获得的，形成条件反射的基本条件是非条件刺激与无关刺激在时间上的结合，这个过程称为强化。

条件反射建立之后，如果反复应用条件刺激而不给予非条件刺激强化，条件反射就会逐渐减弱，最后完全不出现。这称为条件反射的消退。但如果在接下来的三天内只有铃声没有食物或只有食物没有铃声，那么原来存在于铃声和唾液分泌之间的联系将减弱，甚至消失。

名 人 名 言

巴甫洛夫名言

1. 在自然科学中创立方法，研究某种重要的实验条件往往要比发现个别事实更有价值。

2. 鸟的翅膀无论多么完善，如果不依靠空气的支持，就绝不能使鸟体上升。事实就是科学家的空气。

3. 观察，观察，再观察。

知识库

获得

条件刺激与无条件刺激近于同时出现

条件刺激先于无条件刺激

消退

条件刺激出现而无条件刺激没有出现

名人介绍——巴甫洛夫·伊凡·彼得罗维奇

巴甫洛夫·伊凡·彼德罗维奇，俄国生理学家、心理学家、医师、高级神经活动学说的创始人，高级神经活动生理学的奠基人，被称为生理学之父，生理学无冕之王。巴甫洛夫是条件反射理论的建构者，也是传统心理学领域之外而对心理学发展影响最大的人物之一。因在消化生理学方面的出色成果而荣获1904年诺贝尔生理学或医学奖金，成为世界上第一个获得诺贝尔奖的生理学家，也是第一个享受这个荣誉的俄国科学家。

巴甫洛夫在学术上的贡献，主要在于三方面：一是心脏的神经功能；二是消化腺的生理机制（获诺贝尔奖）；三是条件反射研究。不过对心理学发展影响最大的是由他的条件反射研究所演变成的经典条件作用学习理论。

▲巴甫洛夫

巴甫洛夫在心理学界的盛名是由于他关于条件反射的研究，而该项研究却始于他的老本行——消化研究。正是狗的消化研究实验创立了条件反射学说，将他推向了心理学研究领域，该学说后被行为主义学派所吸收，并成为行为主义的最根本原则之一。巴甫洛夫并不愿意把自己当作一位心理学家，弥留之际，他都声称自己不是心理学家，但鉴于他对心理学领域的重大贡献，人们还是违背了他的

"遗愿"，将他归入了心理学家的行列，并由于他对行为主义学派的重大影响而视其为行为主义学派的先驱。

在生命的最后一刻，巴甫洛夫一直密切注视着越来越糟糕的身体情况，不断地向坐在身边的助手口授生命衰变的感觉，他要为一生至爱的科学事业留下更多的感性材料。他用"巴甫洛夫很忙……巴甫洛夫正在死亡。"这么一句话将来访人拒之门外。此话现在听来不是诗篇，胜似诗篇！

1936 年 2 月 27 日，他在病中挣扎起床穿衣时，因体力不支倒在床上逝世。

奖励和惩罚的方法

桑代克通过对动物的大量观察和实验，发现动物在解决问题过程中，经过多次尝试，逐渐发现并保留了正确的反应，淘汰了错误的反应，从而使问题得以解决。于是他建立了一种与"领悟说"相对立的学习理论——尝试和错误说，该学习理论是教育心理学发展史上第一个较为系统的理论。

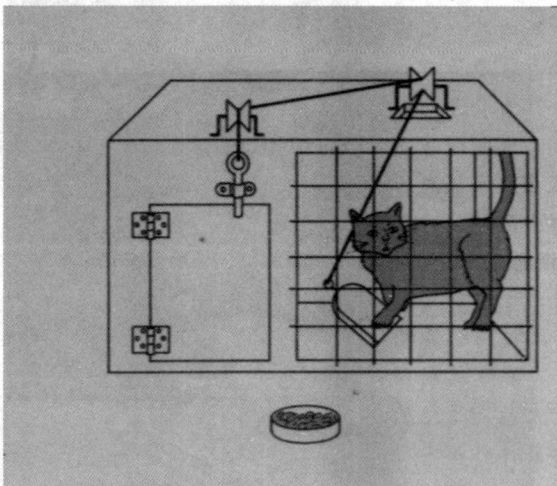

▲饿猫的联系学习

他的实验是这样的：把一只饥饿的猫关进一个笼子里面，笼子外面放着一盘食物。笼子门是根据笼内的一个开关控制的。当饿猫看着外面的食物但又吃不到的时候，它就会在笼子里面来来回回地走动，显示出一副很着急的样子。可是饿猫想要打开笼门必须一气完成三个分离的动作。首先要提起两个门闩，然后是按压一块带有铰链的台板，最后是把横于门口的板条拨至垂直的位置。经观察，刚放入笼中的饿猫以抓、咬、钻、挤等各种方式想逃出迷笼，在这些努力和尝试中，它可能无意中一下子抓到门闩或踩到台

自然传奇丛书

板或触及横条，结果使门打开，猫终于吃到食物。多次实验后，饿猫的无效动作越来越少，最后一入迷笼就会立即以一种正确的方式去触及机关打开门。

这是个很有趣的实验，验证了猫是在一次次尝试错误中获得经验并顺利运用。因此桑代克得出了三条经典理论，第一：效果率，要给予奖励使之满意，这样联系就会加强；反之给予惩罚，满意度下降，联系也就减弱。第二：练习率，要让实验者做出某些反应之前必须不断练习，使得练习加强。第三：准备率，有准备的情况下，联系越强。

这一理论有不科学的地方，它把所有的学习过程都归结为尝试错误的过程，忽视了人类学习中认知与理解的作用；把人类和动物的学习简单地等同起来，抹杀了人类学习与动物学习的区别。但它也有积极的一面，它所强调的尝试错误现象，是一种客观存在的事实，是人类学习一种方式或途径。

名人介绍——美国心理学家桑代克

桑代克生于美国马萨诸塞州一位牧师家庭，他生性害羞、孤独，只有在学习中才能找到乐趣。

桑代克是动物心理学的开创者，心理学联结主义的建立者和教育心理学体系的创始人。他提出了一系列学习的定律，包括练习律和效果律等。1912年当选为美国心理学会主席，1917年当选为国家科学院院士。

桑代克对行为主义学派的影响主要来源于他对小鸡、小猫研究的结果。他开始是用小鸡做的，但他的房东不许他在房间里养小鸡，后来他得到詹姆斯的支持，允许他搬进自家的地下室继续实验。当哥伦比亚大学的卡特尔到哈佛大学遇到桑代克

▲桑代克

时，桑代克一边上学，一边给人家当家庭教师。卡特尔对桑代克的实验很欣赏，约他到哥伦比亚大学去学习，并为他申请奖学金。

桑代克在 1899 年成为哥伦比亚大学师范学院的一位心理学讲师，根据卡特尔的建议，桑代克把他的动物研究技术应用于儿童及年轻人，后来他更多地用人做测试对象，主要精力花在人类学习、教育心理测验等领域。除了用一年的时间去俄亥俄州克里夫兰西部保留地大学做教员之外，其余时间都是在哥伦比亚大学师范学院度过的。他的一生著述等身，共出版 507 种书、专论和学术论文，这创纪录的成就，除了后来的心理学家皮亚杰之外，没有人能与之比肩。

桑代克于 1949 年逝世，享年 74 岁。

火眼金睛——洞察学习

常言道：慧眼识英雄。在动物的世界里面，也存在着那么一双双慧眼，它们能够洞悉周围的食物，巧妙地寻找解决问题的办法，它们的智慧不得不让我们佩服，不愧为一个个"英雄"。

让我们一起来领略这一个个"英雄"的飒爽英姿。

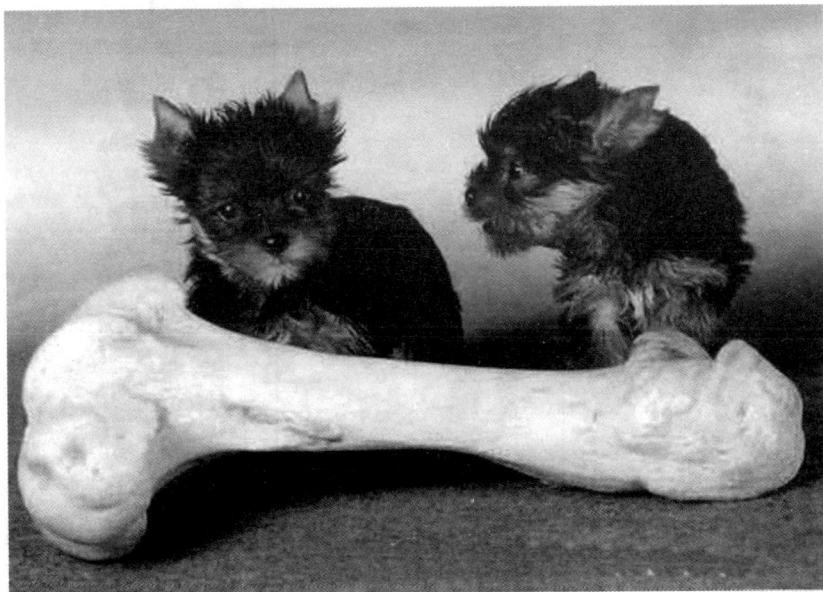

▲火眼金睛

洞察学习的实质

洞察学习是动物利用已存在于脑中的的经验来解决当前新问题的能力，是动物最复杂的学习形式。

自然传奇丛书

黑猩猩智取香蕉

1913 年苛勒接受普鲁士科学院的邀请，到摩那群岛的西班牙属特纳利岛研究猩猩，由于第一次世界大战的爆发，他离不开那里。于是他在那里研究了近七年的黑猩猩的学习，写出了经典的著作《猿猴的智慧》，并提出了学习的"顿悟说"。

这些研究是在动物的笼子内及其周围进行的，那里有简单的实验用具，包括笼子本身的栏杆（起路障作用）、香蕉和用于把香蕉拉进笼内的棍子以及攀登用的木箱等。

▲猴子智取香蕉

如上图所示，房间中央的天花板上吊一串香蕉，猩猩站在地上是不能拿到，房间的四周放了一些箱子。在这样一个环境中，猩猩首先开始采取跳跃的方式获取香蕉，但是没有达到目的。于是它不再跳，而在走来走去。突然它站在箱子前面不动，过一会儿，它很快把箱子挪到香蕉下面，爬上箱子，取到了香蕉，有时一个箱子不够，它还能把两个或几个箱子叠起来去拿香蕉。这就是苛勒所说的对问题情景的"顿悟"，即只有对问题

的情景进行改组，才能使问题得到解决。

小资料——可爱的黑猩猩

一提及黑猩猩，我们就很自然将它与聪明、机灵等词语联系起来。但是对于黑猩猩我们到底了解多少呢？

黑猩猩是灵长目猿猴亚目窄鼻组人科的一属，是猩猩科中最小的种类，体长70～92.5厘米，站立时高1～1.7米，体重雄性比雌性大，雄性一般为56～80千克，雌性一般为45～68千克。黑猩猩身体被毛较短，黑色，手和脚灰色并覆以稀疏黑毛，

▲黑猩猩开怀一笑

臀部通常有白斑，面部呈灰褐色。幼猩猩的鼻、耳、手和脚均为肉色；耳朵特大，向两旁凸出，眼窝深凹，眉脊很高、头顶毛发向后；手长二十多厘米；犬齿发达，齿式与人类同。

黑猩猩与人类是最为相似的，一些黑猩猩经过训练不但可掌握工具运用，还会使用手语，甚至还能运用电脑键盘学习词汇，其认知能力甚至超过两岁儿童。虽然黑猩猩有超强的学习能力，但研究人员也发现，无论怎么训练黑猩猩也无法让它们使用人类的语言进行交流，这又是为什么呢？

1996年1月19日，美国科学家发现，黑猩猩被呵痒时也会笑，在笑的同时还呼吸，听上去就像链锯开动的声音。而人类在讲话或笑时呼吸是暂时停止的，这是因为人能够很好地控制与发声有关的各部分隔膜和肌肉。科学家认为，能否讲话的关键在于神经系统对气流的控制，人类能讲话就是突破了这方面的限制，

而黑猩猩却无此能力，这就揭开了黑猩猩不能讲话之谜。

名人介绍——德国心理学家苛勒

▲心理学家苛勒

苛勒是美籍德国心理学家，1887年1月21日生于塔林，1967年6月11日卒于美国新罕布什尔州的恩菲尔德。苛勒是完形心理学派的主要代表，和考夫卡曾是韦特默似动现象实验的助手和被试；以小鸡视觉辨别实验为验证完形心理学提供实验根据，运用完形心理学原理，设计黑猩猩实验，研究顿悟学习，并把完形心理学理论系统化。

韦特墨被认为是格式塔心理之父，而苛勒和考夫卡则是格式塔心理学的二位先驱。但苛勒对格式塔心理学的贡献更具有深远意义。第二次世界大战爆发前，苛勒移居美国，在斯瓦太摩学院一直工作到退休。

苛勒做了许多工作，把"顿悟学习"这个概念向前推进了一步。苛勒的《猿猴的智力》一书详细记述了第一次世界大战期间他在特纳利岛上利用黑猩猩做的种种实验。他证实，黑猩猩的学习是由整体到部分，不仅如此，它们还表现出我们大多数人往往乐于称为推理能力的那种东西。同时他也指责行为主义者在怎样看待人类学习的问题上过于机械了。

天籁之音——鸟类学歌

▲欢唱的鸟儿

鸟类的鸣声是自然世界的奇迹之一，自人类有历史记录以来，鸟声的美妙在不断地吸引着我们人类。

大多数都市中的家庭饲养会鸣叫的鸟类，在太阳升起的同时，聆听着破晓时的鸟鸣歌声实在是一种美妙的享受，然而鸟类并不是为了吸引人们而鸣叫，鸟类如何知道怎么鸣唱？

自然传奇丛书

鸟类如何发出声音

鸟类没有像人类的声带，相反的，它们有个称做"鸣管"的器官，和人类的声带位置比起来，鸣管在鸟类的身体的更深处。多年以来，科学家有个小小的疑问，鸟类到底是如何发声的？甚至到了今日，对此我们还是存在许多未知。

令人欣喜的是，科学家们同时利用红外线及X光相机观察，才稍微知道这个奇妙的

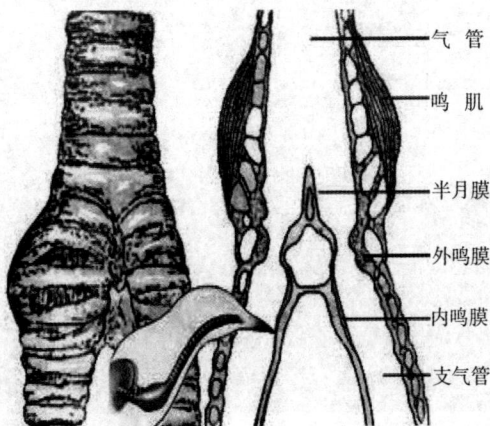

气 管
鸣 肌
半月膜
外鸣膜
内鸣膜
支气管

▲鸣管结构图

"乐器"是如何运作的。

在发声之时，鸟儿是依靠心脏肌肉的动力将空气从两个皮囊压缩到肺里。这种双囊结构能使鸟儿获得出色的声音效果。而它们鸣管也能发挥我们人类高科技音响的作用，左边是高音，右边是低音。

万花筒

有鸟类学家说，如果我们把自然界的鸟儿组成一个乐队，下面这些美丽的鸟儿将是最理想的成员：

1. 键盘手：乌鸫
2. 背景音乐：红尾鸲
3. 鼓手：啄木鸟
4. 低音吉他：灰林鸮
5. 电吉他：苍头燕雀
6. 歌手：夜莺
7. 节奏吉他：鹪

鸟类怎么知道如何鸣唱

▲引吭高歌的小鸟

尽管天生条件优异，鸟儿要成为优秀的歌唱大师同样需要经过刻苦的磨炼。

一些鸟类在出生后第一次歌唱会显得混乱，但是经过几个星期的练习之后，它们在歌唱该鸟种的歌曲时显得较熟练了。鸟类第一次唱的歌曲我们称为"可塑的歌

自然传奇丛书

曲"。可塑的歌曲演化成"成年前的歌曲",再进一步则成了完整的成鸟歌曲。不过这在不同的鸟种之间差异很大。有些鸟种有着强烈的天生样板,这样一来它就不会学其他的歌声,而其他的鸟类可以被教导鸣唱其他种鸟类的歌曲。对野生的鸟来说,这些鸟类当然只会学习它们种类的歌声。

绣眼

绣眼的叫声婉转好听有如黄鹂一般,自古即因啼声而广为饲养。它杂食性强,昆虫、水果等都可喂食,同时市面还有专用的混合饲料出售。虽然饲养的历史久远,但为避免野生种灭绝,在日本禁止猎捕,饲养时需领有许可证。它的主要品种有红协绣眼鸟、暗绿绣眼鸟、灰腹绣眼鸟、诺福克岛绣眼鸟。

自然传奇丛书

▲机灵的绣眼

自然传奇丛书

知更鸟

▲活灵活现的知更鸟

知更鸟自脸部到胸部都是红橙色，与下腹部的白色形成明显的对比。翅膀和尾巴的上半部是棕绿橄榄色。锥形的鸟喙，喙基暗棕色。黑眼睛，细巧的腿和爪呈浅棕色。

一般的小鸟要么只会走，要么只会跳，但知更鸟是少数会走和跳的小鸟儿。知更鸟总是在白天飞行，是最早报晓的鸟儿，也是最会唱"小夜曲"的鸟儿。

知更鸟的鸣声婉转，曲调多变，深受人们的喜爱。知更鸟的胸、腹及腰部羽毛皆为棕红色；两翼以黑色为主，有白斑；尾羽仅中央为黑色，其余棕红色，美丽的知更鸟因其多彩的羽毛以及婉转的歌声而受到鸟类爱好者的喜爱。

轶闻趣事——知更鸟的传说

很久以前，在一个遥远的村庄里，有一对善良的兄弟，他们从小就失去父母，是哥哥不辞辛苦地砍柴勉强养活两兄弟，两兄弟的感情非常好。村里凡是有人欺负他们其中一人，他们就一齐反击，同心合力。

每当受伤后，哥哥总是帮弟弟小心翼翼地护理伤口，而自己的伤口随便用舌头舔一下。弟弟总会问："哥，那很痛吧？"哥哥总是笑着说："不，用舌头舔过的，痛楚就会消失。"

弟弟总是对哥哥深信不疑。

直到长大后，他才知道哥一直骗他。

天上的神仙被这两兄弟的情谊所感动，于是决定帮他们其中一个成为天使，但等价交换，另一个将成为魔鬼掉入地狱。选择权在他们身上。哥哥一口否决，虽然人间生活很艰苦，但只要跟弟弟在一起就足够了。

当晚，弟弟向神仙许愿，要哥哥成为天使。

就这样，慢慢坠入地狱的弟弟微笑着看着哥哥升上天，口中轻声说道："用舌头舔过的，痛楚就会消失。要幸福，哥！"

知更鸟把这一切都看到，于是流着泪一直飞，一直飞，到处传颂这对感人的兄弟，到最后，

▲灵性知更鸟

它的叫声变成"吧嘚，吧嘚"，就好像在说"brother，brother"。

自然传奇丛书

喜鹊

喜鹊，又名鹊、客鹊、飞驳鸟、干鹊、神女，鸟纲雀形目鸦科鹊属的一种。喜鹊体形特点是头、颈、背至尾均为黑色，并自前往后分别呈现紫色、绿蓝色、绿色等光泽。双翅黑色而在翼肩有一大形白斑，嘴、腿、脚纯黑色。腹面以胸为界，前黑后白。体长约 $45\sim50$ 厘米，雌雄羽色相似。幼鸟羽色与成鸟也相近，但黑羽部分染有褐色，金属光泽也不显著。

▲喜鹊带来好兆头

喜鹊多生活在人类聚居地区，以谷物、昆虫为食。一般3月筑巢，巢筑好后开始产卵，每窝产卵5～8枚。

喜鹊的叫声为单调的"洽-洽-"声。当遇到危险时会发出连续而急促的"洽-，洽-，洽-……"的警报音。在中国民间将喜鹊作为吉祥的象征，牛郎织女鹊桥相会的传说及画鹊兆喜的风俗在民间都颇为流行。

百灵鸟

百灵的种类较多，其中蒙古百灵遍布中国内蒙古草原及河北北部。百灵鸟和草原一起经过几百万年的共同演化，获得了适于开阔草原生存的各种特征，它们栖息在草原上，在地面活动，几乎从不上树栖息，以各种植物种子为食，有时也吃一些昆虫。

百灵鸟繁殖期在5～6月间，多数结群生活，较少单独活动。它们一般不高飞或远飞，主要在地面活动觅食，而且善于短距离奔跑。

百灵鸟的羽毛颜色虽然比较

▲森林歌唱家百灵鸟

平淡无奇，但是唱歌非常动听，飞行的姿势也很漂亮。百灵鸟善于在空中飞鸣，是鸟中有名的"金嗓子"。在广袤无垠的大草原上，蓝天之下，绿草之上，常常此起彼伏地演奏着连音乐家都为之汗颜的美妙乐曲，那就是百灵鸟儿高唱的美妙歌声。百灵鸟经常从平地飞起时，往往且飞且鸣，由于飞得很高，人们往往只闻其声，不见其踪。

夜莺

夜莺，学名新疆歌鸲，是一种欧洲的有赤褐色羽毛的鸣鸟，以雄鸟在繁殖季节夜晚发出的悦耳动听的鸣声而著名。夜莺属于雀形目的小鸟，以前曾把它归为鹟科的一种画眉鸟，也是一种迁徙的食虫鸟类，生活在欧洲

▲夜莺歌唱

和亚洲的森林。它们在低矮树丛里筑巢，冬天迁徙到非洲南部。夜莺的形体比欧亚鸲还小，大约 15～16 厘米长，赤褐色羽毛，尾部羽毛呈红色，肚皮羽毛颜色呈由浅黄到白色。

雄夜莺以它擅唱的歌喉而著称，它的音域之宽连人类的歌唱家也羡慕不已。夜莺的鸣叫声高亢明亮、婉转动听。尽管夜莺在白天也鸣叫，但它们主要还是在夜间歌唱，这个特点显著地区别于其他鸟类。所以夜莺的英文名字里有"Night"的字样。近来科学家还发现，夜莺在城市里或近城区的叫声要更加响亮，这是为了盖过市区的噪音。

名人介绍——鸟类生态学家郑光美

郑光美，1932 年生于黑龙江哈尔滨，1954 年毕业于北京师范大学生物学系，1958 年东北师范大学动物生态研究生毕业。现任北京师范大学生命科学学院教授，中国科学院院士，中国动物学会常务理事，鸟类学分会名誉理事长，兼任《生物学通报》主编，《动物学报》《动物学研究》《动物学杂志》《野生动物》等杂志

▲郑光美院士

的编委，国际鸟类学委员会（IOC）资深委员，世界雉类协会（WPA）副会长、中国分会主席，国际鹤类基金会（ICF）顾问，英国东方鸟类学会（OBC）荣誉会员。

郑光美教授多年从事脊椎动物学和鸟类学等课程的教学工作。在高校教材建设、教学改革和人才培养等方面有重要贡献。在我国鸟类生态学和行为学研究领域，特别是在特产濒危雉类的生态适应机制和生活史对策研究方面进行了开拓性研究。首次采用无线电遥测技术和3S技术对雉类的栖息地选择、领域、活动区和活动性特征进行了分析，对栖息地片断化和人类活动的影响进行了长期研究，为濒危物种的保护提供了科学依据，历经十余年的驯养繁殖研究，攻克了存活、受精和繁殖等难题，将原产于亚热带高山的黄腹角雉在北京地区建成可自我维系的人工种群。

智慧拾趣

　　学舌的鹦鹉、一跃千里的袋鼠、善于改变体色的变色龙、释放烟雾弹的章鱼、享有"沙漠之舟"美誉的骆驼，这一系列令人耳熟能详并极具智慧的动物究竟是怎么样的一种动物？它们的世界里是否也有着丰富多彩的故事，它们是否也跟我们人类一样正享受着一份独特的亲情。

　　让我们一同走进奇特的动物世界，去领略动物们的奇闻异事，去感受动物们的精彩，去发现动物们的无穷魅力！

巧用工具——乌鸦喝水

看到这个题目，我相信大家立刻会感觉很亲切。乌鸦喝水的故事让我们惊叹于乌鸦的惊人举动，也佩服它们拥有的超凡智慧。世界上最聪明的鸟不是那会唱歌的鹦鹉，而是这会喝水的乌鸦。不要大惊小怪，我们马上来了解它吧。

▲乌鸦的卡通形象

话说乌鸦

乌鸦又名"老鸹"，是雀形目鸦科多种黑色鸟类的俗称。乌鸦为雀形目鸟类中个体最大的，体长一般为 400多毫米；全身或大部分羽毛为黑色或黑白两色，黑色羽毛呈现漂亮的紫蓝色金属光泽，而嘴、腿及脚等部位则是纯黑色。全世界乌鸦大约有 36 种，分布非常广泛。在我国生活的乌鸦品种大概有 7 类，大多数属于留鸟，一般都在树上营巢。经常成群结队一边飞一边鸣叫，声音嘶哑。

▲乌鸦栖枝头

乌鸦属于益鸟，杂食性动物，吃各种食物，如昆虫、谷物、腐肉及其他鸟类的蛋等。虽然乌鸦能够帮助防治经济害虫，但因为喜欢残害作物，所以成为人们捕杀的对象。它们有些喜欢群栖，个别群体会有上万只乌鸦一起生活，另有一些种类则选择自己营巢。每对夫妻通常各自将巢筑于树木的高枝上，产 5 或 6 个带斑点的浅绿至黄绿色的蛋。野生的乌鸦一般可

存活 13 年，而豢养者寿命稍长，可达 20 多年。供人类玩赏的一些特别笼养乌鸦甚至会"说话"，能学会计数到 3 或 4，并能在小盒内找到带记号的食物，智力惊人。乌鸦世界奉行"一夫一妻制"。

> 在我国唐代以前，乌鸦在中国民俗文化中是有吉祥和预言作用的神鸟，有"乌鸦报喜，始有周兴"的历史常识。唐代以后，方有乌鸦主凶兆的学说出现。

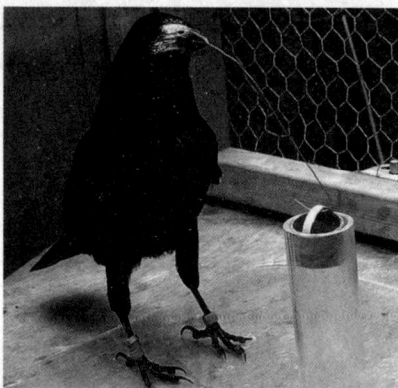

乌鸦 IQ 测验

美国蒙特利尔麦吉尔大学动物行为学专家莱菲伯弗尔一直关注于对鸟类进行 IQ 测验。他通过认真研究，将各种鸟类的智商高低排出顺序。他的研究结果表明乌鸦是整个生物界中除人类以外具有第一流智商的动物，其综合智力大致超过家犬的智力水平。更加令人惊异的是，乌鸦竟然具备独到的使用和制造工具以达到它目的的能力。这种本领即使是人类的近亲灵长类的猿猴也无法拥有，因为它们只

▲震惊科学界的乌鸦智慧

能使用工具，而无法制造工具。乌鸦还能够根据容器的形状准确判断所需食物的位置和体积，智商的确很高。

▲教堂般的蒙特利尔麦吉尔大学

从莱菲伯弗尔的研究中，你可以发现，世界上最聪明的鸟并不是一般人想象中的会学舌的鹦鹉，而是这普普通通的乌鸦。不要对此大惊小怪，乌鸦可是极具创新性的动物，它们那"制造工具"完成各类任务的本领确实让其他动物望尘莫及。而在乌鸦的世界里，智商最高的要属日本乌鸦。在日本一些街道的十字路

口，经常有乌鸦等待红灯的到来。红灯亮时，乌鸦会飞到地面，将胡桃放到停在路上汽车车子的轮胎下。等交通指示灯变成绿灯，车子行进将胡桃辗碎后，乌鸦们会马上飞到地面美餐一顿。

乌鸦喝水

从前，有一只不好看的乌鸦，特别的聪明，智慧过人。一天，它干了一下午的活后，感到又累又渴，很想喝水。忽然，

▲聪明的乌鸦巧喝水

前方出现一只大水罐。它开心的迅速飞到水罐旁，一看罐里的水已经不多了，嘴探进去怎么也喝不到。这可怎么办呢？于是它使劲地用身体撞水罐，用翅膀推水罐，想把水罐弄倒再喝水。但是水罐又大又重，它的力量太小了，怎么也弄不倒。

忽然，它急中生智，可以利用地上的石头，如果将石头扔进罐子里，里面的水不就升高了吗？这么想，它就立刻行动了。它不厌其烦地用嘴叼起一块块石子，终于功夫不负"有心人"，随着石子的增多，罐子里的水上升了。乌鸦痛痛快快地喝了个够，解了渴。

乌鸦取食

据澳大利亚的一家杂志报道，一只名叫贝蒂的雌性乌鸦曾经有一惊人的举动。研究者在对贝蒂的观察中发现，面对研究人员事先放在它面前装有食物的试管和一根直直的金属丝，贝蒂竟然会设法将金属丝的一端弯成钩形，并准确地用钩子把试管里的食物掏出来。

尽管很多科学家们早就知道，这些栖息在澳大利亚东面的乌鸦非常

▲乌鸦用弯钩取食

"聪明"，能够充分利用周围环境中的叶子和树枝。然而报道中研究者发现的这一现象还是让人不得不再一次感叹乌鸦的智商。在陌生的环境中，乌鸦仍然懂得利用新鲜的材料，比如金属丝，并将其"改造"为称手的工具来达到特定的目的，比如吃到试管里的食物，这个过程对一只鸟类来说怎么能轻易达到呢。

为了谨慎起见，研究者们又进行了多次测验。贝蒂在之后的 10 次测验中有 9 次都成功将食物弄进了嘴，有时在金属丝上嗑出一些凹孔，有时用嘴把金属丝弄弯。

名人介绍——亚列克斯·卡采尔尼克

亚列克斯·卡采尔尼克专注于对生物的思想行为研究。

作为阿根廷动物训练学家，他先后在牛津大学动物学和剑桥大学心理学格罗宁根部门工作，直到 1990 年返回牛津大学并设立行为生态学集团。卡采尔尼克是一位真正的实践家。而上文中提到的对著名的乌鸦贝蒂的研究就是他负责的。

▲亚列克斯·卡采尔尼克和乌鸦

乐于助人的伙伴——大象

▲名贵的象牙

长长的鼻子、高高的个头、大大的身躯、名贵的象牙、扇形的耳朵，这些特征构成了我们所熟知的动物——大象。那么在这个硕大无比的身影背后究竟隐藏着多少的秘密和奇闻趣事呢？让我们一起来揭开大象的神秘面纱！

说说大象

大象属于哺乳纲中的长鼻目象科，所有类别通称象。它是世界上现存最大的陆栖动物，外部特征主要包括柔韧而发达的长鼻，还有大大的扇形耳朵。缠卷功能极强的长鼻是大象自卫和取食的有力工具。象群中比较著名的代表有亚洲象和非洲象。亚洲象历史上曾广泛分布于我国长江以南的南亚和东南亚地区，但现在分布范围已大大缩小，

▲悠闲的大象

主要产于印度、越南、泰国、柬埔寨等国。我国云南省西双版纳地区也有小的野生种群。而非洲象则广泛分布于整个非洲大陆，喜欢群居。

自
然
传
奇
丛
书

英勇的非洲象

▲英勇的非洲象

广泛分布于非洲东部、中部和南部的非洲象，一般生活在从海平面至海拔 5000 米的热带丛林、森林和草原地带。它们以野草、树叶、树皮等为食。普通的大象可以活 70 多年，它们的繁殖期则不固定，孕期约 22 个月，每次只生一只。

作为现存最大的陆生哺乳动物的非洲象，它的体长可达 7 米、尾长 1 米多、体重约 5 吨以上。有记录最重的一只非洲象属雄性，体全长 10.67 米，前足围 1.8 米，重达 11.75 吨。世界上最大的象牙纪录重约 107 千克。非洲象成年时会变得非常强悍，性情暴躁，会主动攻击其他动物。

在非洲生活的大象包括非洲草原象和非洲森林象。它们有着明显不同的遗传特征，外表特征差别很大。其中森林象体形较小，耳朵很圆，象牙比较直且呈粉红色。足下的肌肉变厚变大，更加适应缺水的生活。

你知道吗?

大象的求爱方式比较复杂，每当繁殖期到来，雌象便开始寻找僻静之处，用鼻子挖坑，建筑新房，然后摆上礼品。雄象四处漫步，用长鼻子在雌象身上来回抚摸，接着用鼻子互相纠缠。

大象趣闻

会辨声的大象

非洲肯尼亚进行的一项研究表明：非洲大象能辨认其他 100 多头大象

发出的叫声，哪怕是在分开几年之后，依旧能清晰区分。英国的一位研究人员在位于肯尼亚的国家公园录制了一些关于非洲大象母亲用来联系的低频呼叫声。这些声音是大象用来确认个体的依据，也是用它组成的一个复杂的社会的重要联系纽带。

▲聪明的大象

在记录下哪些大象经常碰面，哪些互不交往的情况后，研究人员把这些叫声集中放给 27 个大象群体听，并观察它们的反应。从中发现，如果它们认识发出叫声的大象，它们就会回应，如果不认识的话，它们就干脆不理，只当什么都没听见。研究者还发现当把一头已经死了两年的大象的声音播给它的家庭成员听时，它们仍然回应而且会走近声源。

踢足球的大象

很多人平时都会关注世界杯等等足球比赛，因为在足球赛场上经常有意想不到的画面出现，惊心动魄的场面不胜枚举。足球比赛带给人类的刺激感受总让我们久久难以忘怀，那些奔驰在绿荫场上的足球健将更让我们激动不已。

假设在如此盛况空前的足球比赛里，运动健将不是人类

▲开心的大象在玩足球

而换成是大象那又会是什么样的场景呢？在泰国清迈的马埃萨大象营里，工作人员会训练大象学踢足球，还将它们分成"英格兰队"和"巴西队"进行比赛。图中一头年仅 12 岁的小母象在玩足球，它的背上被涂上了英格兰队的标志。

助人的大象

在泰国普吉岛，曾经发生一头大象拯救孩子的事件。大浪袭来时，附近有只大象背起许多孩子，并和他们一起逃到了安全地方。一位亲眼见到当时救人情景的英国游客描述，海啸发生当天，当巨浪直扑普吉岛的时候，一头在海滩边供游客拍照的大象成了人们的救命英雄。因为大象主人在千钧一发之际，把许多小孩都抱到象背上，大象迅速背着他们逃离危险的海滩，到达安全的地方。

会画画的大象

▲会画画的大象

据美国媒体曾经报道，在美国德克萨斯州的沃思堡动物园，有一头名叫"拉莎"的重达 7000 磅的明星大象。它于 1967 年在泰国出生，后来"移居"到美国，成为沃思堡动物园里深受游客欢迎的一员。

1996 年夏天，聪明可爱的"拉莎"作出了一个惊人的举动，在动物园管理员的"指导"下学会了画画，从此开始了自己的创作生涯。当然由于体积的庞大，"拉莎"的绘画作品风格很少有细细的线条，而是十分豪放的笔触。凭借着这一"绝活"，大象"拉莎"的知名度不断攀升，成为动物园中炙手可热的"明星"。

最忠实的朋友——小狗

狗是我们生活中最熟悉的动物之一。它善解人意，活泼可爱，成为宠物中最骄傲的"公主"，成为很多人的"掌上明珠"。它的机灵沉稳及灵敏嗅觉，成为办案过程中不可或缺的"侦查员"。对这个生活中最常见的小动物，你了解多少呢？你想知道它为什么常常摇尾巴吗？它能认识哪些颜色呢？在这里，我们将一一为你讲述。

▲可爱的宠物小狗

可爱的小狗

狗也称犬，而犬通常指家犬，是一种常见的犬科哺乳动物。人们总把它称为"人类最忠实的朋友"，也是饲养率最高的宠物。狗的寿命约为十到三十多年，如果没什么意外发生，小型犬的平均寿命最长。

狗的存在和进化与人类文明的发展有着千丝万缕的联系，不可分割。对于它，人们不仅用精美的艺术作品加以歌颂，而且还视其为最忠实的守护神，更让它成为十二生

▲生肖狗

自然传奇丛书

肖中的重要一员。中国人的心目中狗始终有着很高的地位。这一点从中国不断出土的考古发现中得到证实，其中天子驾六马就是一个典型的例子。

轶闻趣事——天子驾六马

▲天子驾六马

考古工作者于 2002 年 10 月在河南洛阳市中心城区发现了东周天子驾六车马坑，举世震惊。因为它的发掘解决了自汉代以来关于夏商周三代"天子驾四马"还是"天子驾六马"的争论，说明至少在东周时期"天子驾六马"是存在的。然而，这次考古最引人注目的发现却是车马坑中 7 只殉葬狩猎犬的伤感故事。

翻开东周时期的历史，那个年代的贵族们喜欢驾马驱车去狩猎，同时狗也是必不可少的伙伴。据考证，这

个车马坑的主人是东周 25 位天子中的一个，他生前也酷爱狩猎游玩。发掘者发现，这个车马坑中共有 7 只狗，其中 6 只出现在最北面的马车车轮下。专家们由此分析，这些狗是被绑缚在车上直接活埋的。可以想象，填土时小狗们惊恐万状的纷纷躲藏在车轮下，结果当车兜压塌时，那 6 只小狗也都被压死在车

▲尚干城天子驾犬博物馆

兜里。而另一只小狗的位置则十分奇特，它出现在马坑的半中腰，伴随它的是一块卵石。可以这样说，这只小狗当时挣脱了绳索向坑外爬，就在距离逃生仅一步之遥时，被人发现了，人们用一块卵石击中它的头部，中断了它的逃生历程，结束了它的生命。

当你看到这个颇令宠物爱好者心酸的场景，相信你的心里也会像打翻了五味瓶一样，相当难受。这些小狗不是宠物，而是主人的狩猎犬，曾伴随在主人的车前马后，扬威猎场，没有功劳也有苦劳，怎么到最后却成了殉葬品？或许可以这

样假设，当时的人们觉得让自己心爱的猎犬为自己殉葬，就是给爱犬的最高荣誉了。对此，你是怎么认为呢？

狗的视力

大家都普遍认为狗不具有分辨色彩的能力。但是，经过研究人员的长期观察，发现狗能够能分辨某些色彩，特别是紫色和蓝色。

在对光的反应上，人眼和犬眼不同。人眼对造成各种色彩的三原色即红、黄、蓝有反应。美国佛罗里达大学兽医学院著名的眼科副教授丹尼斯·珀克博士说："狗的视觉和人的视觉不同；狗无法像人一样分辨各种色彩，但狗的确可以看到某些颜色。狗能够分辨深浅不同的蓝、靛和紫色，但是对于光谱中的红绿等高彩度色彩却没有特殊的感受力"。丹尼斯·珀克博士的研究结果表明，绿色对狗来说则是白色，而红色对狗来说却是暗色，所以绿色草坪在狗看来其实是一片白色的草地。

▲丹尼斯·珀克博士

狗眼睛的网膜中含有柱状细胞，它有助于狗在暗处侦视物体的移动。网膜中还有另一种细胞即椎状细胞，这种细胞的功能主要用于分辨颜色和辨别微细之处。犬视网膜上还有一层额外的脉络膜层，这层膜具有强烈的反光性，能增

▲水灵灵的狗眼睛

加犬的夜间视力。因为进入眼内的光线会撞击网膜上的光线受纳器，但同时也可能会错失而穿透网膜。但对犬而言，因为有脉络膜层，所以即使光线错失未撞击光线受纳器，仍然会反射回网膜上，造成第二视力。

不同的犬种视觉能力也不同，如长鼻犬种（如牧羊犬）则有较宽的视野，而短鼻犬种（如斗牛犬）能看到较长的景深。此外犬的颅形和鼻部的长短也会影响它的视觉。可以这么说，大多数犬都稍有近视的现象，少数还有远视现象。

小贴士——及时诊治狗眼

如果你养的宠物犬的眼睛中发现异物，应尽快请兽医师诊治，不应该自行用手指或者其他方式等拭出，以免伤害犬的眼睛。另外，如果发现爱犬时常流泪、红眼、眨眼或有第三眼睑突出等情况，亦应尽速就医。携带爱犬乘车时，应该禁止爱犬将头伸出车外，以免眼睛受到意外的伤害。对犬使用任何含酒精的产品时，应绝对避免触及其眼部。帮它洗涤眼睛周围时，可先覆盖眼睛将其头部稍向后仰，防止洗液进入眼睛。如果不慎，洗涤剂进入眼内，应用大量无菌生理食盐水冲洗，必要时需就诊。

狗狗二三事

狗尾巴传信息

人们经常看到狗在做摇尾巴的动作，其实，摇动尾巴是它的一种"语言"。虽然不同类型的狗，尾巴的大小和形状都不同，但是摇尾巴的动作却大致表达了相似的意思。一般在它兴奋或见到自己主人高兴时，就会摇头摆尾。尾巴可以做很多动作，不仅左右摇摆，还可以不断旋动。尾巴不同的姿势表示不同的含义，当尾巴翘起，表示喜悦；尾巴不动，显示不安；尾巴下垂，意味危险；尾巴夹起，说明害怕；而

▲狗摇尾巴的秘密

迅速水平地摇动尾巴，则象征着友好。狗尾巴的动作有时还与主人的音调有关。如果主人用亲切的声音对它说"坏家伙！坏家伙！"，它也会摇摆尾巴表示高兴；相反，如果主人用生气的声音说"好狗！好狗！"，它则夹起尾巴表示不愉快。这一点说明，对狗来讲，人们说话的声音仅是声源，表达音响的信号，而不是语言。

不管怎么说，狗摇动尾巴主要是表示喜欢与人类亲密接触，那也是它们见到我们时摇尾的主要原因。

神奇的狗吃草

如果你尝试长时间观察狗的生活，你就会惊奇的发现：狗有时会吃草。那么，狗为什么有时吃草？

从肠胃结构来看，狗与人的差别是很大的，这也是狗吃草的重要原因。狗的胃很大，约占腹腔的 2/3，而肠子却很短，约占腹腔的 1/3，所以狗主要是用胃来消化食物和吸收营养，肉类食物是容易消化的，但像树叶、草等有"筋"的东西就不容易消化了。狗有时吃草，但吃得很少，偶尔吃了就吐掉。狗吃草不像马和牛那样是为了充饥，而是为了清胃，把肠胃里其他东西跟随草一起排泄出去。狗很聪明，不是吗？

> 坚决不可以给狗吃的食物：巧克力、洋葱、韭菜。还有些对嗅觉有高刺激性的食物或用品不要让狗闻。这些对狗的嗅觉有很大伤害。

最忠实的朋友

狗为什么对它的主人保持高度的忠诚度呢？从情感基础上看，这有两个来源：一、是对群体领袖的服从度；二是对母亲的依赖和信任。也就是说，狗对主人的忠诚，其实是狗对群体领袖或母亲之忠诚的一种置换。

▲朋友，您好！

自然传奇丛书

从血统角度来分析，现代家狗可大致分为两类：狼种血统与胡狼血统。狼种血统狗之忠诚，主要与第一个情感来源相联系，即出于对狗之群体领袖的忠敬服从，这种领袖，对狗来说，一生只会有一个。胡狼血统狗之忠诚，主要与第二个情感来源相联系，即主要出于对母亲的依恋信赖。这里母亲的含义可以是任何一个对它表示友善的人。

这样，忠诚对这两种不同血统的狗来说，也就有了不同的含义。胡狼血统狗，可以忠诚于所有对它表示友好的人，而这种"忠诚"，对于某一个特定的主人而言，其实应该是不忠诚。而狼种血统狗，因为一生只忠诚于一个主人，所以可以说，狼种狗对主人远比胡狼狗更为忠诚。之所以这两种血统狗的忠诚度有这样的区别，根源在于这两种狗的遗传基因是不同的。那么你更喜欢哪种血统的狗呢？

广角镜——五花八门的狗

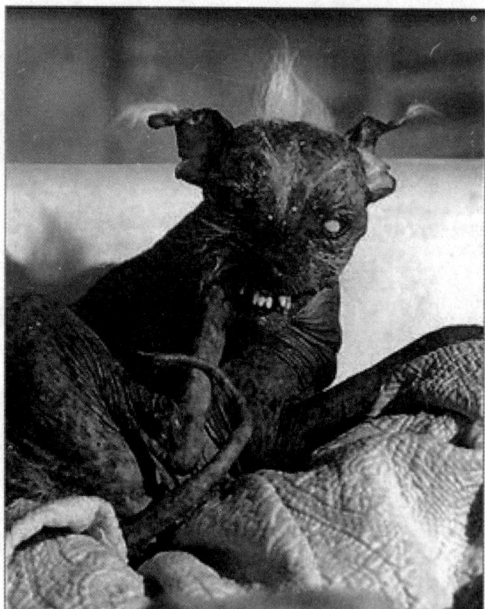

▲萨姆连续三年"夺冠"

狗的种类繁多，接下来谈一谈世界上最丑的狗。

2005年11月，被誉为"世界上最丑的狗"的萨姆离开了这个世界。萨姆是一只纯种中国冠毛犬，它的体形如木乃伊般干瘦，皮肤满是褶皱，年轻时长在头部、脚部和尾巴上的稀疏的毛发，由于"年迈"，只剩下头顶的一小撮白毛。它那一双杏仁状的眼睛之间相隔很远，眼中发出的幽幽的光让它看起来就是一个食尸鬼。它的耳朵很长，牙齿外凸，参差不齐如锯齿。别看它长得如此之丑，但萨姆生前可是世界上少数几只最风光的狗之一。它不仅因"丑名远扬"成了媒体的宠儿，而且还稳坐"丑狗之王"的宝座。

它不仅常上美国的电视节目，而且远赴英国、日本、新西兰等地"走穴"，所到之处都受到高规格的接待。同时，它还拥有自己的专属网站。值得一提的是，由于萨姆实在太丑了，它的女主人苏茜·洛克希德的爱情故事也与它密切相关。洛克希德曾经因为萨姆失去了前男友，也是因为萨姆才认识了后来的恋人。对洛克希德而言，萨姆是上帝赐予她的最好礼物。

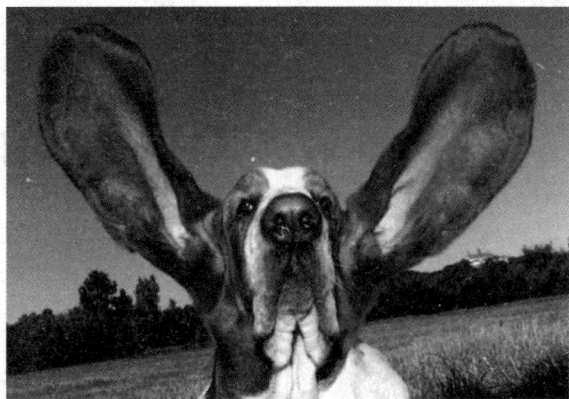

▲杰弗里斯的长耳朵真昂贵

了解完世界上最丑的狗之后，我们再来看一只世界上耳朵最长的狗。

在 2003 年吉尼斯的世界纪录里，住在英国西苏塞克斯郡的小狗"杰弗里斯"被认证为世界上耳朵最长的狗。杰弗里斯是一只矮脚的小猎犬，个子很小，但是它的耳朵却特别长达，接近 30 厘米，每当它把长长的耳朵竖起来的时候，那大大的耳朵看上去就很像波音 747 飞机的机翼。杰弗里斯的主人更是表示，他的这只小狗可不是普通的小猎犬，他甚至已经到保险公司为它的长耳朵投了高达 47 万美元的保单。

自然传奇丛书

亦假亦真——识数的动物

3
5+2=?
8
?
6
10
7-2

▲小狗和算术

科学家认识动物数学能力的历史，可以追溯到 100 年前。那时候，整个欧洲的观众都对一匹名叫"聪明汉斯"的马充满兴趣，因为它居然能表演算术之类需要动脑筋的节目。

此外，动物园马戏团里我们经常也会看见动物进行一些简单的数学运算，那么动物到底有没有这样的"天分"呢？让我们为你一一道来。

聪明的汉斯

汉斯"表演"

20 世纪初，一匹叫汉斯的马在欧洲引起了巨大的轰动。汉斯的主人是一位退休的中学教师，名叫威廉·冯奥斯·滕。在认识的人眼中，奥斯滕就是一个怪人。他平日里深居简出，基本不与人交往，但是却非常喜欢和马这种动物打交道。1901 年，他买下汉斯，并开始给这匹马上课。他尝

▲汉斯"受教"

试的目的是想弄清楚，通过系统地授课，一匹马的思维能力究竟能不能提高，如果能发展会达到什么样的程度。

奥斯滕教会汉斯掌握的第一项本领是通过敲击蹄子的方式来数数。他在桌子上摆上若干根瓶柱，然后自己跪在汉斯身边，抓着它的蹄子，教它根据瓶柱的个数进行相应的敲击：一个瓶柱敲一下，两个瓶柱敲两下……同时，他还大声地清晰读出这个数字，就像教一个刚学数数的小孩子一样，让人意想不到的是，汉斯居然显示出了令人惊讶的学习能力。没过多久，它就可以自己敲着蹄子数数了，而且即便只把一个数字大声地念出来，汉斯也可以正确地数出来。更让人不可思议的是，在奥斯滕的教导下，聪明的汉斯经过一段时间的训练，还掌握了4种基本的数学运算。

不久之后，奥斯滕开始让汉斯进行当众表演，但他并不以此牟利。每当有人询问一张门票是多少钱时，他总是说："我这里不收钱，你只需要集中精神观看表演就是！"人们将某一个观众的名字介绍给汉斯，一连念了几遍，直到汉斯点了点头。一刻钟后，汉斯毫不犹豫地用蹄子敲击起来，观众根据挂在前面的字母表可以容易地对照出汉斯的"拼写"是否准确。结果汉斯敲出了"贝特曼"，除了不发音的h之外，其他字母一个不差，这一惊人行为令所有在场者都目瞪口呆，然后一片欢腾。聪明的汉斯与它的主人奥斯滕成了德国媒体争相报道的对象。公众简直对能计算、会拼写的汉斯着迷了。

疑惑重重

当看到这样的表演时，总有人怀疑，在整个表演中藏有什么猫腻，或者耍了什么骗人的把戏。

之后，开始有更多的人关注聪明的汉斯，特别是一些科学机构。人们成立了一个专门的试验委员会，对聪明的汉斯进行科学鉴定。这里的成员有柏林大学的心理学教授E·施图姆福和另外一位心理学家，还有动物园园长以及马戏团的经理，兽医甚至骑兵军官。奥斯滕对汉斯的才智很有信心，所以积极进行了合作。1904年9月12日，令人

▲生物学家海马克

兴奋的消息传来，试验委员会作出了鉴定结论：没有发现任何骗人的花招存在。

鉴定结果依旧让人们很困惑：难道汉斯真的能够作出过去人们认为只有人类能做的事？动物难道真的具有超乎人们想象的思维能力吗？科学家们在如何解释聪明的汉斯问题上也产生了很大的分歧。生物学家海马克认为汉斯确实具有思维能力，而以施图姆福教授为代表的心理学家们则持相反的观点，他们不认为聪明的汉斯具有跟人一样真正的思维能力。但是，如果他们怀疑，那么他们又将如何解释这匹马所取得的无可怀疑的成绩呢？

新兴动物行为研究

知更鸟寻虫

2008 年夏天，新西兰惠灵顿维多利亚大学的伯恩斯及其同事，在《英国皇家学会学报 B 辑》上发表了他们的研究发现：他们在一个野生保护区里，当着野生新西兰知更鸟的面，在倒在地的原木上钻洞，并在这些洞里塞进数目不同的米虫，知更鸟会选择先扑向虫子最多的洞。

不仅如此，伯恩斯还故意趁它们不注意拿掉其中一些虫子的时候，这些鸟会花双倍的时间在洞里

▲知更鸟寻虫

寻找"失踪"的虫子。伯恩斯认为它们天生就会分辨一些小数字，比方说 2 和 3，而且它们还会在日常生活中运用这种数字。

鸡雏识数

意大利特伦托大学的罗萨·鲁加尼及其小组于 2009 年 4 月，展示了他们研究的新孵鸡雏的算术能力。这些科学家在孵化小鸡时放入了 5 个一模

一样的物件，这样新孵出的小鸡就会把这些物件认做自己的父母。不过，当科学家拿走两个或三个物件，并将余下的放在隔板后面时，小鸡都会趋向于寻找数目更多的物件聚合体——显然，小鸡觉得三个物件比两个物体更像妈妈。鲁加尼还在实验中使用了各种大小不同的物件，力求证明小鸡不是因为大数占据更多空间才能识别不同数目的。

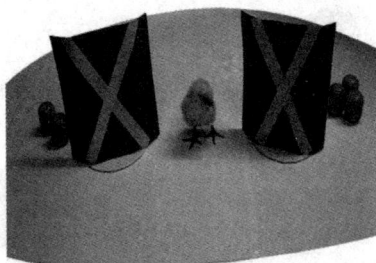

▲鸡雏识数

恒河猴计算

美国杜克大学的伊莉莎白·布兰农博士对恒河猴做了一些实验。她让猴子把看到形体的数目和听到声音的次数匹配起来来证明它们可以在不同感官间表现算术能力。她还摆出大量物体，然后藏起其中一些，用以测试猴子做减法的能力。结果，无论在什么情况下，猴子挑对剩余物体数目的概率都比瞎蒙要大得多。

布兰农和同事在 2009 年 5 月出版的《实验心理学杂志：综合》上总结说：虽然猴子还无法把握"0"这个数字的深层含义，但它们很清楚 0 要比 2 和 1 小。

▲布兰农正测试恒河猴

虽然布兰农认为动物并不具备用语言描述数字的能力，更不会在头脑里数 1、2、3 来记数，但她相信它们会解决一些粗略的数学问题，在不运用数字的情况下对一些物体做加法运算。她认为，这种能力是它们天生的，并不是后天培养形成。

名人介绍——伊莉莎白·布兰农

▲伊丽莎白·布兰农博士

伊丽莎白·布兰农博士毕业于美国宾夕法尼亚大学，在大学她获得了1992年体育人类学学士学位，毕业成绩优异。2000年，她取得了心理学博士学位。自那以后，她一直在杜克的心理与神经科学和认知神经科学中心的部门工作，并于2008年晋升为副教授。

现在，她已经是心理学、神经科学和认知神经科学跨学科课程中心的研究生部主任，并获得许多学术奖项。

善于改变外表，传递信息
——变色龙

气球，是我们日常生活中最熟悉的东西，它五颜六色的色彩经常让我们赏心悦目。或许对于气球的五颜六色我们并不会感到奇怪和诧异，但是如果一种动物的体色会出现五颜六色的色彩，那么是不是很神奇的一件事呢。别着急，这一节将会为你解读这个神奇的变色龙！

▲五颜六色的气球

契诃夫和《变色龙》

说起变色龙，我们很容易就想起由俄国著名作家安东·巴甫洛维奇·契诃夫的一篇讽刺小说《变色龙》。《变色龙》是契诃夫众多短篇小说中影响最广、最脍炙人口的一篇。它既没有描写风花雪月的景物，也没有叙述曲折离奇的故事。作家写到一个警官偶然审理一件人被狗咬的案情时的情况，简单的寥寥几笔，洗练、锋利地为读者勾勒出一个灵魂丑恶、面目可憎的沙皇走狗——警官奥楚蔑洛夫的形象。从他对百姓、对下属的语言里表现的作威作福、专横跋扈；从

▲安东·巴甫洛维奇·契诃夫

他与达官贵人有关的人，甚至狗的语言中暴露的阿谀奉承、卑劣无耻的描写中，阐释奥楚蔑洛夫在短短的几分钟内，经历的五次变化。善变是奥楚

自然传奇丛书

蔑洛夫的性格特征。作品以擅长适应周围环境的颜色，很快地改变肤色的
"变色龙"作为比喻，起到了画龙点睛的作用。

名人介绍——安东·巴甫洛维奇·契诃夫

安东·巴甫洛维奇·契诃夫，不仅是俄国著名小说家、戏剧家，而且是19世纪俄国批判现实主义作家及短篇小说的艺术大师。

他于1860年1月29日生于罗斯托夫省塔甘罗格市，祖父是赎身的农奴，父亲曾开设杂货铺，1876年破产后全家迁居莫斯科。但契诃夫却一个人留在了塔甘罗格，靠担任家庭教师以维持生计和继续求学。1879年考进莫斯科大学医学系，并于1884年毕业。毕业后他在兹威尼哥罗德等地行医，广泛接触平民和了解生活，这段经历对他的文学创作起到了良好影响。他和美国的欧·亨利，法国的莫泊桑齐名为世界三大短篇小说之王。

奇特的变色龙

▲变色龙

作为爬行动物的一种，变色龙又名避役，广泛分布于非洲地区，只有少数分布在亚洲和欧洲南部。而非洲马达加斯加岛可以说是变色龙的生活天堂。

变色龙是非常奇特的动物，有适应于树栖生活的种种行为和特征。它们一般体长约15至25厘米，头上的枕部有钝三角形突起，身体侧扁，背部有脊椎。它的尾巴比较长，也很灵活，能缠卷树枝。它还长有很长很灵敏的舌头，全部伸出来的舌头的长度甚至可以超过它的体长。变色龙的舌尖上有腺体，能分泌大量黏液粘住昆虫。它的眼睛也很奇特，眼帘特厚，两只眼球异常凸出，而且上下左右转动自如。左右眼可以单独活动，不用协调一致，这种现象在动物中是十分罕见的。各自分工

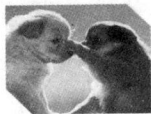

的双眼前后注视，既有利于捕食，又能及时发现后面的敌害。变色龙用长舌捕食简直如闪电般迅速，只需1/25秒便能完成动作。

▲变色龙长舌捕食

变色原理

变色龙的皮肤会随着温度、背景和心情的变化而改变。雄性变色龙总是将暗黑的保护色转换成明亮的颜色，以警告其他变色龙远离自己的领地。而有些变色龙还学会，把安静时候的绿色变成鲜艳的红色来威胁敌人。目的都是为了保护自己，避免遭受袭击。

变色的能力帮助动物躲避天敌，传情达意，类似于人类语言。作为一种"善变"的树栖爬行类动物，变色龙在自然界中是当之无愧的"伪装高手"。这种爬行动物为了接近自己的猎物，常在不经意间改变身体颜色，然后一动不动地将自己融入周围的环境中。《美国国家地理杂志》曾有一篇文章指出，依据动物专家的最新发现，变色龙变换体色不仅是为了伪装，更重要的是试图通过变色实现同类之间的信息传递，便于和同伴沟通，这和人类使用语言的目的相同。

▲多彩的变色龙

▲美国纽约国家自然历史博物馆

美国纽约国家自然历史博物馆爬行动物学副馆长克里斯多佛·拉克斯沃斯是全球著名的变色龙研究专家。他许多年来坚持对变色龙生活习性的进行研究。拉克斯沃斯发现，变色龙变换体色还有一个作用

自然传奇丛书

是为了进行通信传达信息，这一点在以前的研究中从未被提及。拉克斯沃斯发现变色龙经常在捍卫自己领地和拒绝求偶者时，表现出不同的体色。他还指出变色龙为了显示自己对领地的统治权，雄性变色龙会对向领地侵犯的同类示威，同时体色呈现相应的明亮色；当雌性变色龙遇到自己不中意的求偶者时，它会表示拒绝，随之体色会变得暗淡，显现出闪动的红色斑点。

变色龙和科技进展

变色龙纤维

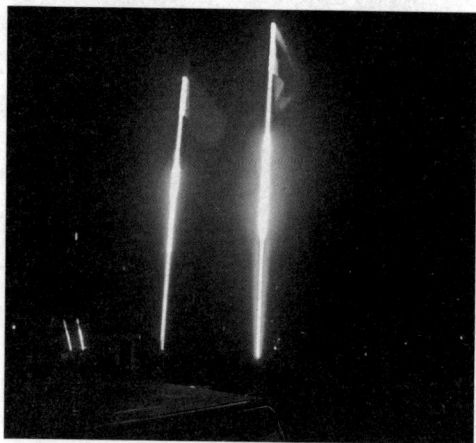

▲绚烂的霓虹灯

"变色龙纤维"首先在我国复旦大学的研究室里诞生。随后，国际一流的学术刊物《自然·纳米技术》刊发了这项成果，立刻引起了国内外的广泛关注。

这种"变色龙纤维"的发现，来自于复旦大学聚合物分子工程教育部重点实验室、先进材料实验室教授彭慧胜带领的课题组的研究。这种纤维可以随流过"身体"的电流变化而改变颜色。

其实，在这项奇妙发明的背后，还隐藏着另一个发明——"碳纳米管纤维"，它同样来自彭慧胜领导的实验研究。变色纤维是制造霓虹灯的好材料，还可以应用到电子安全开关、智能窗、显色器、敏感器件等多个领域。

名人介绍——彭慧胜教授

1976年7月彭慧胜教授出生于湖南邵阳，2003年取得复旦大学高分子化学

与物理硕士学位，并于 2006 年在美国 Tulane 大学化学工程与生物分子工程博士毕业。2006 年 10 月加入美国能源部国家实验室开始独立从事研究工作，之后，在 2008 年 10 月回国，担任复旦大学研究工作。

他的研究方向包括光电材料和纳米医学，先后发表了 30 多篇论文，并获得了多个专利，如授权国际专利 1 项、美国专利 3 项、中国专利 2 项。并被评为教育部新世纪优秀人才。

▲彭慧胜教授

自然传奇丛书

变色龙 U 盘

随着电脑的日益普及，各种电脑周边产品也日渐繁多。USB 玩物早已为我们所熟悉。你的 USB 玩物是否能与众不同呢？今天推荐的 USB 变色龙绝对让你耳目一新，大饱眼福。

CUBEWORKS 公司设计了这个不吃不喝就能为你不断表演的小家伙——USB 变色龙。设计师不仅把玩具与电脑周边结合起来，还把幽默与动作的元素

▲变色龙 USB

赋予了产品之中，不仅颠覆了传统 USB 设备给人留下的朴实印象，而且增加进去的幽默元素时常博得众人开心一笑。

这款 USB 变色龙可是一个仿真的小家伙，你只要把它放到电脑屏幕的边角上，然后接通 USB 的插头，它就会时不时地转动眼睛，吐出舌头，给你繁忙的工作增添一些乐趣。这可是个不错的摆设，赶紧去商店为自己买一个吧。

神奇育儿，一跃惊人——袋鼠

　　袋鼠，顾名思义就是有"袋子"的动物，在人们的印象中，它就是一种很高大老是在跳跃的动物。袋鼠的弹跳力非常强，它可以边带着小宝宝跳而绝不会让小袋鼠摔下，这一切都源于袋鼠"袋子"结构的独特性。不仅如此，"袋子"还是一种特殊的育儿方法，它为现代育儿提供了参考和示范。

漫谈袋鼠

▲可爱的袋鼠们

　　袋鼠是袋鼠目有袋类下的哺乳动物纲。作为澳大利亚最著名的哺乳动物，它在澳洲占有很重要的生态地位。袋鼠的前肢一般都很短小，后肢却特别发达，常常保持前肢举起，后肢坐地的姿势，以跳代跑。袋鼠一般身高有两米多，体重约有 80 千克。

　　袋鼠原产于澳大利亚大陆和巴布亚新几内亚的部分地区。有些种类只能在澳大利亚见到。所有生活在澳大利亚的袋鼠，除了部分在动物园和野生动物园里生活外，其余都在野外生存。各种不同的自然环境生长着不同种类的袋鼠。比如，波多罗伊德袋鼠会给自己做巢，大种袋鼠喜欢以树、洞穴和岩石裂缝作为遮蔽物，而树袋鼠则生活在树丛中。

以跳代跑的袋鼠们

所有袋鼠，不管体积大或小，有有一个共同点：长脚的后腿强健而有力。袋鼠都是以跳代跑，最高可跳到 4 米，最远甚至能到 13 米，可以说是动物世界里跳得最高最远的哺乳动物。大多数袋鼠在地面生活，它们那强健的后腿独特的跳越的方式使人很容易将它们与其他动物区分开来。在跳跃过程中的袋鼠，尾巴是它们的平衡杆；当它

▲飞跃的袋鼠

们缓慢行走时，尾巴则成为第五条腿。袋鼠那长满肌肉的尾巴又粗又长，既能在袋鼠休息时支撑袋鼠的身体，又能在袋鼠跳跃起助跳的作用。

袋鼠的后肢发达，弹跳力强是非常出名的。在欧洲的一家动物园里，曾发生过一只大袋鼠突然一跃而起，

在野外，当大袋鼠被敌害追赶时，有它们独特的反击办法。它们会背靠大树，尾巴拄地，用有力的后腿狠狠地蹬敌害的腹部。

越过两米多高的墙头，跳到隔壁的河马池旁边的情景。跳到河马池的袋鼠用前爪抓伤了河马的鼻子，吓得河马不知所措。

袋鼠国徽

大袋鼠是澳洲特有的动物，所以成为澳大利亚国家的象征。在澳大利亚的国徽上，就有大袋鼠的形象，而我国动物园里的大灰袋鼠、大赤袋鼠，就是直接来自澳大利亚的"贵宾"。

自然传奇丛书

澳大利亚人之所以选择袋鼠作为国徽上的动物之一，还有一个很重要的原因，那就是因为袋鼠永远只会往前跳，绝不会后退。人们希望自己也能拥有像袋鼠一样的精神，一种永不退缩的精神。

袋鼠与育儿袋

所有雌性袋鼠都长有前开的育儿袋，育儿袋中分布有四个乳头。刚出生的袋鼠幼仔只有一个手指那么大，眼睛根本看不到东西，但却能依靠本能钻进母亲的育儿袋内并准确地找到奶头吃奶。它们需要在这里面生活很长一段时间后才能离开母亲，到外面单独活动。但是，当它们在外面突然受到惊吓时还要钻回妈妈的育儿袋里，经过三年的成长，它们才算成年。

有趣的是，袋鼠妈妈这一套奇妙的育儿方法，还引起了医学家的兴趣。1984年，两位美国医生从袋鼠的育儿方法得到启示，发明了一种养育早产婴儿的新方法。众所周知，早产婴儿的生命力很差，过去都是放在医院的暖箱里养育的，要是没有暖箱，早产婴儿很容易死亡。这两位医生设计一个人工的育儿袋，婴儿放在育儿袋里，又温暖，又能及时吃到妈妈的奶。而且，婴儿贴着妈妈的身体，听着妈妈的心跳，生命力可以大大提高。

广角镜——袋鼠的发现

人们普遍认为，袋鼠最早是由英国航海家詹姆斯·库克发现的，事实上并不是如此。早在他之前140年，荷兰航海家佩尔萨特于1629年就遇上了袋鼠。那一次，佩尔萨特的轮船在澳大利亚海岸附近搁浅，他看到了袋鼠以及悬吊在袋

▲澳大利亚袋鼠国徽

鼠腹部的育儿袋里的幼仔。但是，这位船长竟然错误地推测，幼仔是直接从乳头上长出来的。不过，他当时的报道并没有引起人们的注意，很快就被大家完全忘记了。

而库克船长第一次看见袋鼠的时间是1770年7月22日，那一天他派几名船员上岸去给病员打鸽子，改善生活状况。船员打猎回来以后，说看到一种动物，有猎犬那么大，样子挺好看，全身呈与老鼠皮肤相似的颜色，行动迅速，转眼之间就消失了。两天以后，库克本人的亲眼所见证实了船员们所说的真实性。

▲库克船长

有趣的是，由于当时他们对这种前腿短、后腿长的怪兽感到很惊异，就询问当地的土著居民怎样称呼这种动物，土人回答"kangaroo（康格鲁）"。于是，"kangaroo"便成了袋鼠的英文名字，并沿用到现在。当然现在，人们早已弄明白，原来"康格鲁"在当地土语中是"不知道"的意思。

知识库——维生素C

维生素C又名抗坏血酸，是一种水溶性维生素。人们日常食物中的维生素C会被人体小肠上段吸收，一经吸收，它们会立刻散布到体内所有的水溶性结构中。正常成人体内的维生素C代谢活性池中约有1500mg维生素C，最高储存峰值为3000mg。大多数情况下，维生素C绝大部分在体内经代谢分解成草酸或与硫酸结合生成抗坏血酸—2—硫酸并由尿排出，剩下的则直接由尿排出体外。

▲维生素C

人体内部血管壁的强度和维生素C有很大关系。微血管是所有血管中最细小的，管壁的厚度有时只有一个细胞的大小，它的弹性和强度是由具有胶泥作用负责连接细胞的胶原蛋白所决定。当体内维生

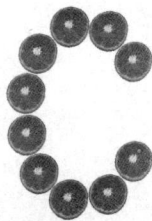

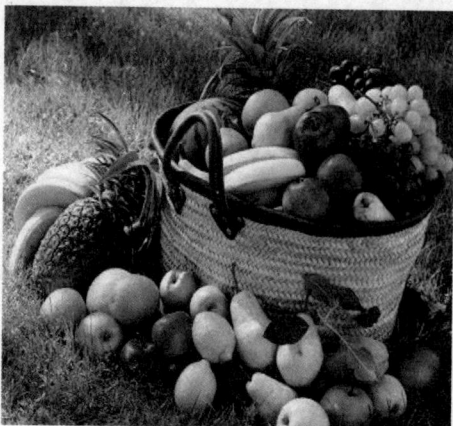

▲新鲜水果中富含维生素C

素C不足时，微血管就容易破裂，血液随后流到邻近组织。最初的时候，身体外在的症状是四肢无力，烦躁不安，精神消退，做任何工作都容易疲惫。接着病人的脸部开始肿胀，牙龈出血，牙齿脱落，皮肤下大片出血。最后是腹泻呼吸困难，骨折直到肝肾衰竭而致死亡。

通讯智慧

我们人类之间可以通过语言、手势、文字等方式来沟通交流，那么动物又是怎样进行沟通交流的呢？

你知道纷繁复杂的动物世界有哪些特别的通讯工具？带着这个疑惑，本章将给大家呈现一系列动物世界的沟通交流方式。就让我们通过这一系列看似普通但又神秘非凡的通讯方式来领略动物独特的智慧吧。

光怪陆离，惟妙惟肖
——视觉通讯

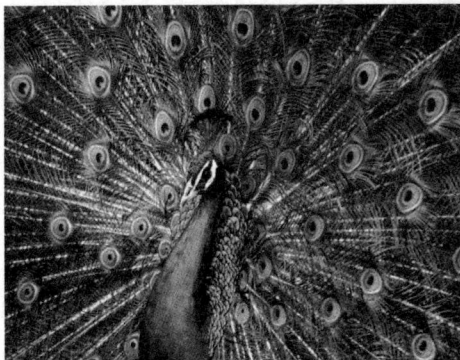

▲孔雀开屏为哪般？

视觉通讯是视觉器官发达的动物之间最普遍的通讯方式。这种通讯方式在鸟类、昆虫、哺乳类动物中比较常见。它的缺点是只在较短、并且没有遮挡的距离内才会有效；优点是在短时间内可传递大量信息，快而准确。

蜜蜂跳舞

很多人都知道，蜜蜂社会里的等级是非常森严的。它们分工明确，其中工蜂承担着清洁、筑巢、保卫和采集食物等工作。那么出巢的蜜蜂是如何将食物的性质、来源、方位和距离通知伙伴呢？德国米尼希大学的卡尔·冯·弗里希通过仔细研究观察，得出结论，原来蜜蜂是利用舞蹈语言与种群内的伙伴进行联络的。

▲采花粉的小蜜蜂

▲卡尔·冯·弗里希

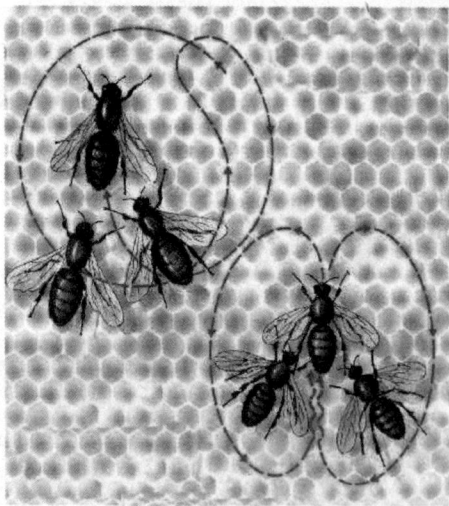

▲蜜蜂跳舞
（左上：圆圈舞；右下：摇摆舞）

蜜蜂区分不同颜色和气味的能力吸引了卡尔·冯·弗里希对其进行研究。他尝试在蜂巢附近放一碟蜂蜜，发现几个小时后才有一只蜜蜂来品尝。但是，接下来的很短时间内，许多蜜蜂在蜂巢旁密集出现，这似乎表明是第一只蜜蜂通知其他蜜蜂前来这里的。

为了观察当一只出外侦察的蜜蜂，从一个新的食物供应地返回蜂巢时会发生什么事情，弗里希造了一个玻璃蜂箱。当一只蜜蜂落在一个新的食物基地，并开始"用餐"时，他迅速在它的胸部涂上一点漆，以便后来识别。通过仔细观察，他发现最初侦察蜂会将食物交给巢中的蜜蜂，后者将食物贮存在蜂室中或饲喂幼虫。然后侦察蜂在巢壁上开始跳舞，它们跳的舞很奇特，先向右边，后向左边，而且在每个方向上要跳 1 到 2 圈，还一遍又一遍地不断重复着，弗里希把这种舞命名为圆圈舞。这种舞激发了周围蜜蜂的活力，它们也跟着轻快地跳起来，并用伸出来的触角紧紧接触侦察蜂的腹部，随后一个接着一个匆忙地离开了蜂巢，不久之后，这些蜜蜂就在有食物的

地方密集出现了。很显然，圆圈舞是蜜蜂的一种信息传递方式，以此来通知其他蜜蜂食物源的地点。

弗里希用圆圈舞解释了蜜蜂发现食物源后与其他蜜蜂交流信息的方式，但并没有说明圆圈舞与食物源的距离、方位之间的关系。所以他又做了以下实验，将两个装有糖水的碟子分别放在距离蜂巢 10m 和 300m 的地方。他首先在 10m 处的碟子里放了一只蜜蜂，不久，大量的蜜蜂出现在 10m 处，而出现在 300m 处的蜜蜂则只有少数。他又在 300m 处的碟子里放了一只蜜蜂，结果很快又有大量蜜蜂出现在 300m 处。他发现

▲弗里希正在观察小蜜蜂

从不同距离蜜源地返回的蜜蜂，它的舞蹈形式完全不一样，从近处返回的蜜蜂跳的是圆圈舞，从远处返回的蜜蜂跳的是摆尾舞。而且在单位时间（每分钟）内，舞蹈次数的多少与蜜源距离的远近有关。蜜源距蜂巢近，舞蹈次数多；距离越远，舞蹈次数就越少。

知识库——摇摆舞与太阳

蜜蜂在跳摇摆舞时，能以太阳为准，指示出取食地方的方向。在垂直的巢脾上，重力线就表示太阳与蜂巢间的相对方向，舞圈中轴和重力线所形成的交角，则是指以太阳为准，所发现的食物的相应方向。

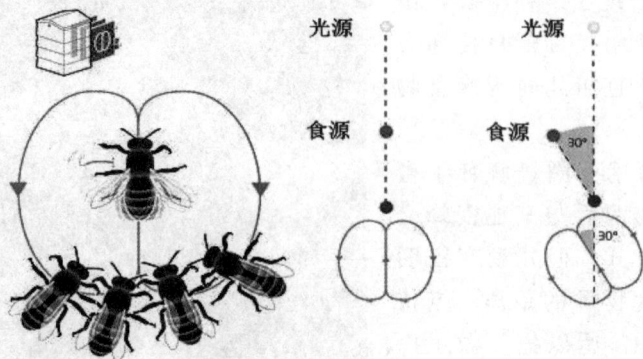

▲蜜蜂跳舞与太阳的关系

红绿萤火虫

▲红绿萤火虫

萤火虫是大家非常熟悉的小动物。它们用灯语在雄雌之间建立联系，通过不同时间间隔的亮、灭灯，发出不同的语言。特别的南美洲萤火虫身上拥有两盏灯，在尾部的是绿灯，在头部的是红灯。当萤火虫开启绿灯就是发出报警信号，告诉同伴要躲避；而开红灯的时候是向同伴们报告天下太平。南美洲萤火虫的雄虫在低空飞舞，每隔5.8秒发光一次，雌虫则相应在雄虫发光之后的2秒发光，而且发光的时间长短每次都准确无误。同时，光信号的长短有助于不同种类的萤火虫之间相互区分，以免找错对象。

小资料——萤火虫为什么会发光

夏天的夜晚非常热闹，你看，那一盏盏小灯笼在空中飞舞，这就是萤火虫。

夜空中的萤火虫，充满着诗情画意，是文人墨客叙述的好题材。如唐朝诗人杜牧就有一首《秋夜》描写萤火虫："银烛秋光冷画屏，轻罗小扇扑流萤。天阶夜色凉如水，卧看牛郎织女星。"

不同种类的萤火虫，发光的形式也会不同，因此自然地区分出不同的种类。萤火虫的发光原理是什么？原来萤火虫的发光器是由发光细胞、反射层细胞、神经与表皮等所组成。我们可以将发光器的构造比喻成汽车的车灯，发光细胞就有如车灯的灯泡，而反

▲小小萤火虫

射层细胞就有如车灯的灯罩，会将发光细胞所发出的光集中地反射出去。所以，尽管这种光芒很微弱，但在黑夜中却显得相当明亮。

发光细胞的神经冲动是萤火虫的发光器会发光的根源，它使得原本处于抑制状态的荧光素被解除抑制。荧光素是什么？原来它是萤火虫发光细胞内的一种含磷的化学物质。由于荧光素的催化伴随产生的能量以光的形式释放出来，所以萤火虫就能发光了。同时反应所产生的大部分能量都用来发光，只有 $2\% \sim 10\%$ 的能量转为热能，所以当萤火虫停在我们的手上时，我们是不会被萤火虫的光给烫伤的。这样的发光小动物，真的是让人爱不释手。

▲夜空下的萤火虫

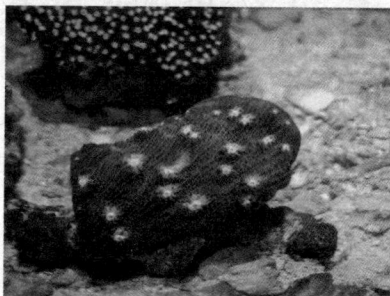

▲发光的小小萤火虫

白斑羚羊

属于哺乳纲牛科中一个类群的通称的羚羊，种类繁多。它们的四肢一般都细长，体型轻捷、优美，非常机警。有的种类雌、雄都有角，有些则只有雄性有角。它们的尾巴长短不一，身高通常 60～90 厘米，总是 5～10

自然传奇丛书

头成群，但大的群落也可达数百只多。羚羊一般生活在旷野或沙漠，有的栖息于山区地带。我国特有的藏原羚，北美洲的叉角羚，非洲草原的瞪羚，统一特征就是它们的臀部都有显眼的一大块白斑。当这些怯弱的羚羊们发现捕食者的时候，就会竖起尾部展示这块白斑，一来在疾速奔跑中利用白斑的晃动迷惑敌人，二来告诫同伴敌害临近。这属于视觉通讯的示警效果。

▲ 白斑羚羊

趣闻轶事——白斑羚羊住进"动物监狱"

▲ 防止动物"越狱"，"监狱"墙高六米

在重庆永川的野生动物世界里，有一个很特殊的"关押""犯人"的"动物监狱"，其中大多数是动物中的"非主流"。比如白斑羚羊，就是其中被关押的一位。它被当成"犯人"的原因是由于它的"神经质"。据饲养员观察，白斑羚羊的"神经质"可不是一般的严重。周围的环境只要稍有动静它就会四处逃窜，甚至以头反复撞墙。

据说，"动物监狱"里"关押"的动物可以分为三类，除了以白斑羚羊为代表的"神经质"类外，还有"暴力狂"和"孤僻者"。住在7号"监舍"的蓝角马就是这里出名的"头号暴力狂"。它有着古怪的"坏脾气"，即便是熟悉的饲养员进去打扫房间或者喂食，也必须有两三人陪同，而且要保持眼神沟通，以防止它突然进攻。饲养员介绍，蓝角马的攻击性很强，脾气暴躁，由于它的攻击性对其他动物造成极大威胁，所以不得不将它们单独隔离。让人奇怪的是，也许是"臭味相投"，将两只蓝角马关在一处居然能相处融洽。

另一类属"孤僻者"，就是指那些完全不合群的动物。跳羚可可就是这样，已经8个月大的可可在出生时就成了孤儿。而它的同伴对它也十分冷淡，饲养员不得不将它单独喂养。曾经在它7个月时，饲养员将它送回跳羚生活的区域。但

自然传奇丛书

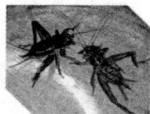

是，三天后，它却自己主动要求返回"监狱"，原来它无法与其他跳羚安然相处，被同类欺负不说，甚至还吃不到任何东西。

色彩斑斓的蝴蝶

自然界的许多动物利用视觉特点发展了各种形态，还有显眼的色彩和花纹，以作为视觉通讯使用。像颜色鲜艳的有毒毛虫，五彩缤纷的蝴蝶。总之，颜色是动物间最重要的通讯信号之一。而蝴蝶的各种各样的鲜明颜色将颜色通讯作用发挥到极致。接下来，就让我们一起来了解蝴蝶吧。

蝴蝶的种类繁多，全世界大约有15000余种，大部分分布在美洲。特别是在南美的亚马孙河流域，密集分布着众多品种。除了南

▲色彩多样的蝴蝶

北极寒冷地带以外，世界上到处都有蝴蝶。它们一般头部有一对棒状或锤状触角，翅膀和身体上有各种花斑。许多人受大型蝴蝶的吸引，喜欢专门收集各种蝴蝶标本。在美洲，"观蝶"迁徙和"观鸟"一样，成为一种活动，吸引着人类目光。同时还有些蝴蝶种类是果木和农业的主要害虫。

蝶类多数幼虫为植食性，以杂草或野生植物为食，成虫则吸食花蜜或腐败液体。蝴蝶翅膀上的鳞片就像是蝴蝶的一件雨衣，使蝴蝶艳丽无比。由于翅膀的鳞片里含有丰富的脂肪，能把蝴蝶保护起来，所以即使下小雨时，你也能看到蝴蝶在空中飞行。

孔雀开屏

去动物园玩的时候，你有没有遇到这样的情况：当你向雄孔雀鼓掌拍手，孔雀听到掌声，会为表演它的特技——孔雀开屏。但事实上，孔雀向人们竖起美丽的羽毛，不是在回应你，而是可能在向雌孔雀示爱，或者是

自然传奇丛书

▲ 孔雀的"秘密"

在向同种雄孔雀示威，甚至在向你发出警告。而五颜六色的羽毛就是它展示自己，吓唬敌人的武器。孔雀就是这样通过展示尾羽传递某种视觉信息。

在孔雀家族中以雄性最美丽，而雌性却其貌不扬。在春天这孔雀产卵繁殖后代的季节里，雄孔雀就展开它那色泽艳丽、五彩缤纷的尾屏，伴随各种各样优美的舞蹈动作，向雌孔雀炫耀自己的美丽，以此吸引雌孔雀的相伴。

在孔雀的大尾屏上，有许多近似圆形的"眼状斑"，这种斑纹从外至内是由红、黄、褐、蓝、紫等颜色组成的。孔雀开屏就是为了保护自己。当敌人突然出现而孔雀又来不及逃避时，它便突然开屏，然后抖动出"沙沙"声响，众多的眼状斑随之乱动起来，敌人畏惧于这种"多眼怪兽"，也就不敢贸然前进了。

 **广角镜——滇味名菜孔雀开屏**

▲ "孔雀开屏"冷拼盘

在许多等级高的滇味筵席上，服务员会首先上一个名叫"孔雀开屏"的冷拼盘。

洁白雅致的瓷盘中央，赫然站立着一只展翅开屏、五彩缤纷的金孔雀。它色彩艳丽，造型优美，惟妙惟肖，令人不忍下箸，许多就餐的宾客见此都纷纷拿出相机拍照作纪念。这个拼盘由牛肉冷片、云腿、鸡肉、蛋卷、米线、午餐

肉、时鲜蔬菜等精工制作而成的。吃法是将另一碗用酱油、味精、醋、辣子油等调成的调料倒进盘内,拌匀一下就能食用。吃起来香甜麻辣酸味俱全,味道十分鲜美爽口。这道孔雀开屏美食不仅营养十分丰富,而且还很开胃,增进食欲,是色、香、味、型俱佳的滇中美食。

三棘鱼的求偶夸耀

三棘鱼有着特别的求偶方式。每当春季来临,三棘鱼中的雌鱼的腹部因为含有大量卵而膨胀起来。而具有红色腹部的雄鱼则吸引了雌鱼的到来。当雄鱼被靠近它的雌鱼膨大的腹部所刺激时会发生交配的情况。在交配时,雌鱼游进雄鱼的领地,总是保持头部向上的姿势,这种求偶的姿势再加上膨大的腹部,以一种少见的"Z"字形方式不断刺激着雄鱼,最终使雄鱼迅速掉头并游向早已造好的巢穴中。

▲漂亮的三棘鱼

当雌鱼进入巢中交配后,雄鱼就用它的嘴对雌鱼的腹部做一连串有节奏的冲击,诱导雌鱼产卵。事实证明,三棘鱼交配时,如果没有雄鱼的冲击震动,雌鱼是不可能产卵的。有人实验用玻璃棒或其他硬物去刺雌鱼的腹部,发现雌鱼的反应也会增加。一旦雌鱼产完卵,雄鱼就会钻入巢中去受精,完成交配过程。

自然传奇丛书

聆听天籁之音的美妙
——听觉通讯

▲海豚 "音" 的秘密

听觉器官发达的动物之间会采用听觉通讯作为通讯方式，因为它不受时间的限制，白天和晚上都可进行。特别是夜间出没的动物，利用声音传达不同的信息最为合适。声音作为动物最直接、最普通和最为广泛应用的通讯手段，使得动物可以通过不同的声音，传递不同的信息，如召唤、炫耀、求偶、报警等，这样的方式在鸟类、昆虫、兽类中很普遍。

蟋蟀的叫声

童年的记忆中，草地里、稻田里的蟋蟀叫声总是让人沉醉。蟋蟀是如何发声的呢？原来蟋蟀雄虫通过前翅上的音锉与另一前翅上的齿互相摩擦而发声。这种声音的频率取决于蟋蟀每秒击齿的

> 鸣声的速率与温度直接有关，随温度的升高而增快。

次数，从最小蟋蟀种类的将近 10000 周/秒到最大蟋蟀种类的 1500 周/秒。

具有很严格的种特异性的蟋蟀的 "叫声"，使得在很多情况下，人们可以根据它们的 "叫声" 把它们区别开。蟋蟀的 "叫声" 一般的目的是为了召唤异性。但当雄蟋蟀遇见另一只雄蟋蟀入侵时，它的 "叫声" 就会改变为竞争的鸣叫。警告后者必须赶快离开，否则就会有一场恶战。

曾经有一位德国科学家做过以下的实验。他模拟发出完全逼真的雄蟋蟀声音，可结果却没有引起雌蟋蟀该有的反应。但是当这种模拟声通过话筒传出时，雌虫却有了反应。这是为什么呢？原来其中的奥秘是，人工模拟声虽然频率相符，但节律不对；而通过话筒传出的声音情况却符合节律。研究人员发现，蟋蟀长在

▲小蟋蟀

前腿上的一双"耳朵"，不仅是敏感的接收器，而且还起着滤波的作用，可以从背景的噪声中分出重要的声音成分。在这位德国科学家的实验中，频率好像是不重要的，它们的"耳朵"只对声音波动的时间形式起反应。同时，人们还发现幼年雌蟋蟀的"耳朵"不具有声音功能，因此对于雄虫叫声不会理睬。只有等它长大，"双耳"的功能才齐备。

知识库——为什么蟋蟀好斗

蟋蟀天生好斗。如果将两只蟋蟀放在一起，就算只是用小草逗弄它们，它们也会战斗得非常激烈。这是为什么呢？原来蟋蟀生性孤僻，大多数情况下都是独立生活，绝不会和别的同类住一起。所以，它们一遇到就会水火不容，马上咬斗起来。

▲好斗的蟋蟀

在蟋蟀的群落里，雌雄之间并不是通过"自由恋爱"结为夫妻的，而且"一夫多妻"的现象非常常见。如果哪只雄蟋蟀勇猛善战，打败了其他同性，那它就获得了对一只或者多只雌蟋蟀的占有权。当然，从生物学进化论观点来分析，这是生物进步的表现，自然选择中的优胜劣汰，有利于蟋蟀家庭的后代

自然传奇丛书

更健康强壮。

蛙的声音

在脊椎动物中普遍存在利用声音传递信息。比如鱼类会利用鳔、牙齿或骨骼发出声响，但其中最有意思的是蛙的声音联络方式。

蛙的叫声与蟋蟀的叫声的作用相似并且也具有种的特殊性。雄蛙会通过不断的呼喊把雌蛙吸引过来，非常有趣的是这种叫声还可引起同性者的应答，形成了叫声"大合唱"。这种"合唱声"洪亮，响彻田间，比单个的叫声显然会传得更远，也能吸引来更多的雌蛙。

▲ 树蛙

美国人博格特通过一系列实验还证明即将进行交配的雌蛙会被雄蛙的叫声强烈地吸引，只有在这时候雄蛙的叫声才能成为有效的刺激释放者。

科技文件夹——青蛙繁殖和城市噪音

▲ 生态学者帕里斯教授

澳大利亚墨尔本大学生态学家克里斯滕·帕里斯通过实验研究发现，墨尔本城郊附近的青蛙数量在不断减少，主要原因是受到城市大量噪音污染所引起的。帕里斯认为，青蛙主要是通过它的叫声来吸引异性交配，但是随着城市化进程的加速，越来越多的城市噪音开始影响青蛙的交配。雌蛙在繁殖期间，往往会选择鸣叫频度最快、叫声最为洪亮的雄蛙作为自己的交配对象，但在城市噪音的轰鸣下，雌蛙能够听到雄蛙鸣叫的距离大大缩短了。

自然传奇丛书

受到城区严重噪音的干扰，雄蛙在使用普通音调进行鸣叫时，传输距离只能达到 21 码，即使用最高音调鸣叫时，传输距离也不超过 37 码。但是在相对安静的环境下，雌蛙能够在 875 码的距离内听到雄蛙的鸣叫。帕里斯称，为了吸引雌蛙，在噪音环境中的雄蛙，往往要增高音调，耗费大量精力。另外，在青蛙的世界里，还有一些天生音调就比较低的个体受到的影响就更大了，因为它们除了要和同类竞争外，还得与公路上的噪音以及工厂机器发出的噪音展开对抗。

海豚回音定位

海豚属于哺乳纲中的鲸目海豚科，通称海豚，是一种体型较小的鲸类。全世界共分布有大约 62 种，各大洋都有它们生活的场所。海豚一般嘴尖，体长不超过 5 米，上下颌各有约 101 颗尖细的牙齿，喜欢吃乌贼、蟹、虾和小鱼等。海豚是喜欢过"集体"生活的动物，大的海豚群甚至会有几百个成员共同生活。

▲海豚欢跃

在海洋馆里，我们总能看到经过训练的海豚灵活的身手，它能打乒乓球、跳火圈，做各种动作。可以说，除人以外海豚的大脑是动物界中最发达的。海豚也发声，发出的是一种频繁、高音调的"咋哒"声，这种声音向前传播时，遇到障碍便可产生回声，海豚收到回声后，就可确定物体在水中的位置，或者避开或者取食。

蝙蝠超声波定位

蝙蝠是靠声呐系统飞行的动物，它通过声波确定猎物的空间位置并捕获它们，或者躲避前方的障碍。

蝙蝠的鸣叫在飞行时进行，其频率在 $50\sim1000\,\mathrm{Hz}$ 之间。蝙蝠喜食蛾子，但是它追踪的蛾子并不会听任它捕获和吃掉自己，在危险情况下，蛾子会具有相当复杂的躲避行为。比如有一种夜间飞行的蛾具有作为听觉结

▲ "超级近视眼" 蝙蝠

构的耳，尽管这种耳构造极为简单，每只耳就两个受体细胞 A1 和 A2，却能接收和传递大量的精确信息。A1 细胞负责对低强声敏感，A2 负责对高强声敏感，分工明确。当蝙蝠还在 35m 以外时，A1 就已经激发。更特别的是，身体两侧耳中 A1 细胞活性也不同，这样有助于蛾子判断蝙蝠在哪一侧，并迅速作出反应，以躲避蝙蝠的追捕。当蛾子通过耳测出蝙蝠离它距离较远时，它会立即转换方向飞走；如果蝙蝠已经近在咫尺，来不及跑远，它就会进行更复杂的躲避活动。

万花筒　　**蝙蝠和超声波**

　　当蝙蝠飞行时，它可以发出一系列的超声波。因为超声波的频率非常高，所以人耳才会听不见它。这些声波在遇到障碍物的时候，又会反弹回去，被蝙蝠的耳朵接受。这样，蝙蝠就可以知道障碍物的确切位置了。

生物间联系的另一新招
——化学通讯

俗语有"鼠目寸光"的说法，这是由于老鼠的视觉能力很低，只能达到 12 厘米的距离。而老鼠的听觉极弱，仅一张报纸就足以阻碍听觉信号的接收。

老鼠的活动环境十分复杂，很容易阻碍它那本来就不出色的视力。那么老鼠是通过什么来进行交流呢？这就是另外一种通讯方式——化学通讯。

▲ "与世隔绝"的老鼠怎么通讯？

什么是化学通讯？

化学通讯指的是利用化学物质来传递信息的通讯方式。这种通讯方式在地栖动物间较适用，因为化学物质作为信号可以在分泌者离去后依然存在于地面上，仍然可以为地面生活的动物所感知。而松鼠、猿猴、鸟类等栖居于树林的动物主要靠听觉和视觉通讯，很少用化学信号通讯，这应该是因为在树上不像在地上那样容易保留化学信号的气味吧。

▲蝴蝶也用化学通讯

动物分泌的用于通讯的化学信号分子称为外激素。外激素又可分为诱导性外激素和引发性外激素两类。诱导性外激素通过影响接受者的生理发育，从而使接受者发生特殊的行为；而引发性外激素则通过引起动物发生直接的反应而作出一定的行为。

知识库——生物间的化学联系

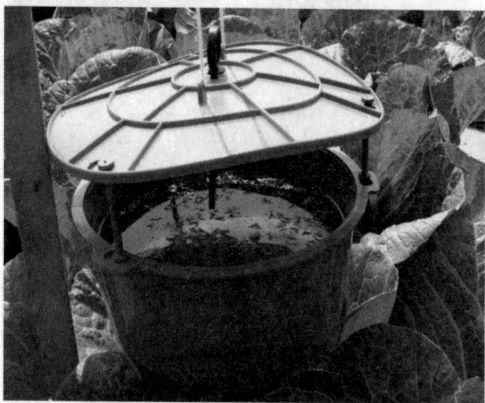

▲利用昆虫性诱剂杀死害虫

生物间的化学联系可以说是一种普遍现象。蝴蝶在花丛间飞舞采蜜；蚂蚁形成社会群体，有令人惊异的识别路径的本领。生物学家法布尔就特别注意这类研究，他发现雄蚕蛾甚至能从几公里外准确无误地找到同种雌虫并与之交配……什么是这些现象存在的原因呢？这就是生物间的化学联系。

生物体之间起化学通讯作用的化合物的统称为信息素，它是生物体之间交流的化学分子语言。其种类很多，包括利己素、协同素、集合信息素、追踪信息素、疏散信息素和性信息素等。以昆虫为例，在生物界的规律中，雌虫在性成熟后，会将一种叫性信息素的化合物释放到空气中。这种化合物随气流扩散，刺激雄虫触角中的化学感觉器官，引起雄性个体性冲动及引诱雄虫向释放源定向飞行，来交配繁衍后代。

有趣的蚂蚁

蚂蚁行动时留下的痕迹物质也是一种外激素。研究者发现，一只搜寻食物的侦察蚁从有食物的地方返回巢穴时，会将其腹部的尖端间歇地与地面接触，同时分泌出一种称为跟踪物质的微量外激素。就是这种外激素使得其他的工蚁能依靠它的路迹很容易地找到食物。

自然传奇丛书

找到食物的工蚁会携带着食物迅速返回巢穴，在它回来的路程中也同样会分泌出跟踪物质，从而使更多的工蚁就被吸引到踪迹上，如果食物来源越好，则踪迹味会变得越强。由于跟踪外激素是挥发性的，它有可能在几分钟之内就消失了，因此每当食物搬运完，路上的踪迹味基本也就没有了。研究者还发现，跟踪物质具有种的特异性，使得两个不同种的个体对气味不产生混淆。

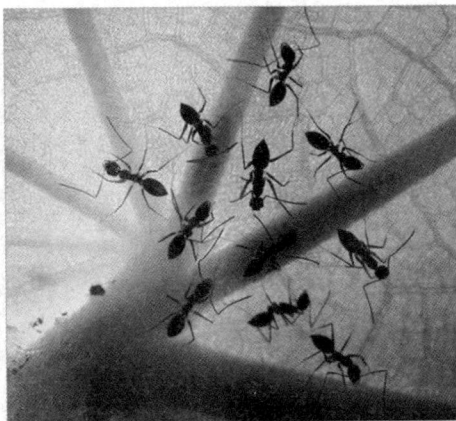

▲神奇的蚂蚁王国

蚂蚁还能分泌例如传递警报和死亡信息的外激素。科学家在一种蚂蚁中提纯出报警物质，它是由丙基异丁基酮和甲基庚烯基酮组成。尝试把这两种物质放在蚁穴附近，会引起蚂蚁的警报反应。甚至当一只活蚂蚁涂上这种物质时，工蚁也会把它叼起来抛到废物堆上。

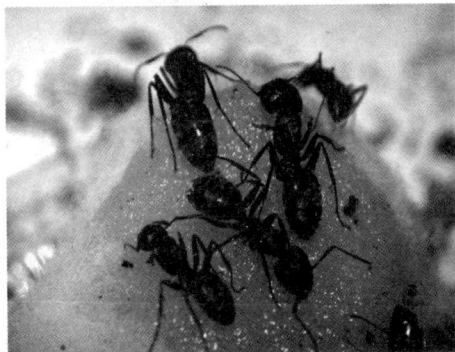

▲找寻食物的小蚂蚁

自然传奇丛书

小狗：我的地盘我做主

说起狗这种动物，我相信肯定是无人不晓的。狗是人类最亲密的动物之一。

作为人类的好朋友，它总是任劳任怨，尽心尽责地跟随着人类的脚步。狗的品种也不单一，可以说是五花八门，让人特别宠爱。但是狗老是喜欢随地大小便，是不太爱干净的动物。狗的这个习惯不但影响到它恪尽职守的好形象，同时也污染了环境，因此很多地方人们会专门设立宠物厕所。但是今天在这里我们要为小狗"平反"。狗也是一种通过依靠化学物

▲小狗：我们并不是不爱干净！

质通讯的动物。它喜欢嗅闻任何东西，嗅闻领地记号、毒物、食物、粪便、尿液甚至新的狗等等。而狗在外出漫游时，常常不断地小便或蹲下大便，这种行为的目的很明确，就是要把它的粪便布撒路途。而它就是依靠这些"臭迹标志"行走的。如此看来，狗并不是总由于膀胱充盈而到处排泄，实际上它只是在向别的同类宣布：这里已经是我的地盘了。

轻轻的我来了
——触觉通讯

对于那些视觉较差或生活于视觉通讯不可能进行的地方的动物来说，触觉通讯就变得特别重要。

在深海环境中生活的鱼，眼睛虽然退化了，但它们的鳍刺却非常发达，通过触觉等通讯方式来寻觅及捕捉猎物和接受信号。

▲深海鱼与触觉通讯

自然传奇丛书

蜘蛛

蜘蛛以昆虫为食，在它一生中会不停地用毒牙猎获它们。人们普遍认为蜘蛛都是织网的，但其实有的蜘蛛并不织网。蜘蛛还有着非常凶残的恶名声，就算是进行生殖活动，也存在着相当大的危险。它们的视觉都很差，但振动感觉却极为发达。即使很小的昆虫，只要落在网上产生动静，蜘蛛就能立刻感受，并按照信号来源，迅速地准确找到

▲蜘蛛织网的秘密

它们，饱餐一顿。所以灵敏的振动感觉正好弥补了蜘蛛视觉能力弱的缺陷。

小小鼓虫触觉灵敏

▲鼓虫触觉灵敏

鼓虫是一种生活在水中的昆虫，它们的动作十分灵活，总是在水面上游来游去。它们的分布也十分广泛。

美国一位动物学家经过仔细观察发现，鼓虫的触觉非常灵敏，能察觉到水中极微小的颤动。他尝试把虫子放在水族箱中做试验，轻轻用一根细铁丝浮过水面，这细微的动物立刻招引鼓虫游来。鼓虫的触角上生着一簇簇有感知作用的细毛，就是它们使小虫的感觉能力特别敏锐。这些细毛不但能感觉其他昆虫所引起的表面微波，还能觉察到自身活动引起的微波遇到障碍物时，反射的回波。鼓虫还有个习惯，保持一定规律地叩击水面，这样做目的是为了向其他个体发射信号，叩击后，水面会泛起微波，并向外扩展，不断传播。过不久，同伴就会接到信号，向前游来。

猴子"挑虱子"

猴是一种通俗的叫法，我们把灵长目中很多动物都称之为猴。灵长目属于哺乳纲下的一目，它们一般栖息林区，是动物界中最高等的类群。一般的大猩猩体重可达两百多千克，是灵长类中体型最大的，而最小的倭猴，体重则只有七十克。猴

▲猴子挑虱子

子之间常常出现互相"挑虱子"的情形，这种理毛行为其实是一种接触通讯，它们梳理毛发的主要目的，并不是找虱子或是吃盐粒儿，而是一种超越语言形式的交流，为了传达彼此友好、接受或者顺从的信息。

名人介绍——珍·古道尔

英国动物学家珍·古道尔是一位在世界上享有极高声誉的学者。为了观察黑猩猩，她二十多岁的时候就来到非洲的原始森林，并度过了三十八年的野外生涯。之后她又奔走于世界各地，呼吁人们保护地球的环境，保护野生动物。她的杰出成就使她获得了联合国颁发的马丁·路德·金反暴力奖。

1975年，她建立了致力于野生动物研究和保护的珍·古道尔研究会，推动全世界的动物研究工作取得进步。她的突出贡献还被拍摄

▲珍·古道尔观察黑猩猩

成多部精彩电影，这更使她名扬四海。她一生写过六本书，包括那本影响深远的著名的《在人类的阴影下》。英国的伊丽莎白二世授予她英帝国司令的头衔。

鱼类侧线系

▲轻轻地感觉到你

生活在水中的鱼类还有一个特殊的负责感受触觉的感受器，叫作侧线系。

由于侧线系敏感度极高，所以每当遇到强烈的信号，它们会使鱼类受到巨大刺激，甚至痛楚难忍。鱼类有时会利用这个特点进行互相攻击。比如当别的鱼进入另一条鱼游动的领地时，领地原来的主人常常不是直接攻击入侵者，而是拼命用尾巴击水，借

自然传奇丛书

用强烈的水波刺激对手的侧线系，使之受到严重打击。虽然它们彼此并没有直接触及对方，打击的程度却一点不比撞击对方弱。这样的方法就能使鱼类把同类来犯者赶出领地。

沙蝎的定位

▲张牙舞爪的沙蝎

以小昆虫为主食的沙蝎是在夜间活动的动物。刚开始，人们对于生活在沙土中的沙蝎能找到相隔一段距离外的昆虫的能力感到很惊讶。它们到底是靠什么信号来指挥觅食行为呢？

科学家们研究发现，沙蝎能够依据振动波获得其他动物的活动信息，这些振动波主要是由沙土传导的。沙蝎的这种触觉感受非常灵敏，它们可以准确地测出50厘米外小昆虫在沙土中的行走的位置，甚至连在疏松的沙土中，何处有动物打洞都能确切地知道，连方位和距离都一丝不差，不得不让人感叹。

你电到我了——电通讯

"你电到我了！"这是一句曾经非常流行的语言，实际意思是指对方的眼神或者气质，令自己有所触动。这里说的"电"可以算做是一种视觉通讯。

动物之间确实是存在电通讯，而且用的也是实实在在的电流！这种通讯方式，只有一些像电鳗这样特殊的动物才会选用。

▲你电到我了

自然传奇丛书

神奇的电鳗

自从美洲大陆被发现后，许多欧洲的冒险家都前往那里寻找他们梦寐以求的财富。有一个来自西班牙的探险队伍，在美洲当地印第安人的带领下，进入了亚马孙河上游的一个低洼地。这块低洼地密布着大大小小的水塘。到此，印第安人停住了脚步，不打算再往前走了。队伍里的白人很不理解，因为他们

▲水中的"雷公"——电鳗

觉得这里不可能有食人鱼，当然也不会有蟒蛇和鳄鱼。其中一个白人挺身而出，步入那片洼地，想给印第安人做榜样。可是没走多远，他突然直挺挺地仰面倒下。几个同伴发现马上冲过去救他，但也全部都跌倒在水塘

里。过了很长一段时间，队伍里的其他人才将他们救出来。而几个小时后，这些原已处于僵直状态下的人才慢慢恢复正常。

洼地里到底是什么袭击了他们？原来在这些混浊的水塘里，生活着一种依靠体表放电来进行彼此交流和捕食的特殊鱼类——电鳗。它们施放出的电压可以高达 600 伏特。正是电鳗施放的电流击倒了那几个探险家。自然界中无奇不有，不仅有电鳗利用自身发电器官产生强电流猎取食物，也有鳄鱼和鲇鱼依靠体表电感器进行个体之间的信息交流。

知识库——电鳗知多少

电鳗属于脊椎动物的一种，归于鱼纲电鳗科，能产生足以将人击昏的电流。它们的动作缓慢，喜欢栖息于相对平静的淡水水体中，有时也会上浮在水面。电鳗能随意发出电压高达 650 伏特的电流用以麻痹鱼类然后进行捕食。

▲电鳗

电鳗的发电器分布很特别，藏在身体两侧的肌肉里，身体的头部为负极，尾端为正极，电流是从头部流向尾部。当电鳗的身体两侧触及敌人的身体时就会发生强大的电流，它所释放的电量能够轻而易举地把比它小的动物一举击死，有时还能击晕比它大的动物，如正在河里游泳的牛也会中招倒地。

电鳗不断放电的过程就好比它一直在不断说话。它不停用放电时间、放电频率、电场强度、放电间隔来表达自己的意图。在一些特别的日子里，雄性电鳗的放电频率明显增加，比如在谈情说爱的时候，它的放电间隔会变得很短，似乎为了告诉异性："我太兴奋了，我要为你而尽情放电，快来吧！"

奇幻的电鲇

电鲇，它是鲇形目电鲇科电鲇属的一种，以能放电而得名。最大的个体身长 1 米左右，重量可超过 20 千克。淡水鲇类鱼在非洲热带广泛分布，从非洲尼罗河、刚果河到尼日尔河等流域都有它的踪迹。右图所显示的电鲇是一种。

电鲇能产生电量，甚至能控制电量。当它放电时，电压可高达 450 伏特，这种放电既能自卫

▲ 电鲇

又可用来捕获猎物。电鲇是一种非常耐活的鱼类，虽然好斗，却也很美观，也作为家养观赏鱼。古埃及人曾经把电鲇画在陵墓的内壁上。

多彩多姿的电鳐

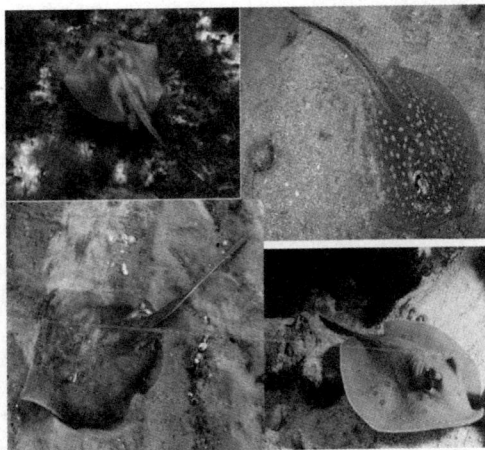

▲ 各种各样的电鳐

电鳐根据背鳍的数量，可以分为三个科：无鳍电鳐科、单鳍电鳐科和双鳍电鳐科。

生物学家研究发现，电鳐的头胸部的腹面两侧各有一个呈肾脏形蜂窝状的发电器，并排列成六角柱体，称之为"电板"柱。电鳐身上大约有 2000 个电板柱，有 200 万块"电板"。每个"电板"的表面分布有神经末梢，一面为正电极，

另一面则为负电极。这些电板之间充满了胶质状的物质，可以起绝缘作用。

电鳗的这两个发电器是如何产生作用的呢？原来在神经脉冲的作用下，这两个放电器能把神经能转换为电能，放出电来。尽管单个"电板"产生的电压很微弱，但由于数量众多，聚集在一起就能发出很强的电压来。电鳗的放电时间和强度，完全在它自己掌握之中。

轶闻趣事——电鳗的用处

早在古希腊时代，那里的医生们常常让病人去碰一下正在池中放电的电鳗。为什么这么做呢？原来古代医生们研究发现电鳗放电可以用来治疗癫狂症和风湿症等病。就是在今天，沿着意大利和法国的海岸走，还可能看到一些患有风湿病的老年人，正在退潮后的海滩上寻找电鳗，以求"医生"治疗。

能贮存电的电池的发明就是得益于电鳗放电特性的启发。人们日常生活中所用的干电池的正负极间的糊状填充物，就是受电鳗发电器里的胶状物启发而改进的。

广角镜——伽伐尼电流与伏特电池

能放电的鱼拥有的非凡本领，引起了科学家们极大的兴趣。19世纪初，意大利物理学家伏特，以电鱼发电器官为模型，设计出世界上最早的伏特电池。这种电池由于是根据电鱼的天然发电器设计的，所以人们又把它叫作"人造电器官"。

▲伽伐尼的生物电实验

说起伏特电池的发明不得不提一段有趣的故事。这个故事先从解剖学家和生物学家伽伐尼说起。作为电流

的发现者，伽伐尼是伏特的好朋友。有一天伽伐尼做了一个实验：他把蛙腿放在玻璃板上，用两把叉子去碰蛙腿的肌肉和神经，结果是碰一下，蛙腿就随之引缩一次。伽伐尼觉得这个现象非常有意思，于是又选择不同的时间和各种不同的金属做了多次重复的实验，但结果却没有什么不同。唯独有一点变化是，在使用某些金属时，蛙腿收缩得更强烈而已。这些实验让伽伐尼认为蛙的神经中有电源，很可能是从神经到肌肉的特殊电流质引起的"动物电"。

伽伐尼的实验启发了许多科学家。1800年伏特用铜片和锌片夹以盐水浸湿的纸片叠成电堆产生了电流，这个装置后来被人们称为伏特电堆。当他将放在杯子里的不同电堆联起来时，就组成了电池。人们为了纪念他们的功绩，就把这种电池称为伏特电池或伽伐尼电池，并把电压的单位用"伏特"来命名。

名人介绍——伏特

意大利物理学家伏特，是巴黎科学院的国外院士。据传，伏特之所以会研究自然现象，纯粹是因为成年后产生的好奇感。1774年伏特发明了靠静电感应原理提供电的装置——起电盘。

伏特还钟情于化学，进行各种气体的爆炸试验。1801年拿破仑一世召他到巴黎表演电堆实验并授予他伯爵称号和金质奖章。

▲伏特

名人介绍·——伽伐尼

伽伐尼是意大利的一位医生，也是一位著名的动物学家。他从小就接受正规教育，于1756年进入波洛尼亚大学学习哲学和医学。1759年正式从医，并开展解剖学研究，甚至还在大学开设医学讲座。1782年出任波洛尼亚大学教授。

自然传奇丛书

1791年他发表了自己长期从事蛙腿痉挛的研究成果，震惊了整个科学界。伽伐尼的一个偶然发现，引出伏特电池的发明和电生理学的建立，这在科学史上一直传为佳话。伏特曾真诚地赞扬他，在物理学和化学史上，伽伐尼的工作是足以称得上划时代的伟大发现之一。就是为了纪念伽伐尼的功绩，伏特把伏特电池又称为伽伐尼电池，还把引出的电流叫作伽伐尼电流。

　　伽伐尼晚年在生活上和政治上连遭不幸，贫病交加，于1798年12月4日在波洛尼亚凄凉离世，终年61岁。

▲伽伐尼

捕食者与被捕食者

　　"螳螂捕蝉，黄雀在后""金蝉脱壳"等词语对大家来说都不陌生吧，这些词语可以说是我们对动物界的捕食与被捕食的一种概括。捕食者与猎物的关系很复杂，一方面捕食者以各种叹为观止的手段捕食，另一方面，被捕食者也有各种办法保护自身。这种复杂关系绝不是一朝一夕能形成的，而是经过长期协同进化逐步形成的。

　　动物们的捕食手段五花八门，它们的食性也多种多样。捕食者在进化过程中形成了锐齿、尖喙、毒牙等工具，学会了运用集体围猎、诱饵追击等方式；另一方面，被捕食者也相应地形成了保护色、拟态、假死等种种方式以逃避被捕食的命运。

　　这一章将向大家介绍精彩纷呈的捕食者的捕食手段和被捕食者的防御手段。让我们开始这段精彩的旅行吧。

生生相克，息息相关
——捕食者与捕食手段

大鱼吃小鱼，小鱼吃虾米，这一简单的自然界生存法则早已为人们所熟知。动物们为了生存，不得不以另一些动物为食。在这个纷繁复杂的动物世界里，我们应该怎么给捕食者下定义呢？我们又该怎么去理解一个被捕食者呢？它们二者之间又是怎么样的一个依存关系呢？

带着这些疑惑，我们来到捕食者与被捕食者这一章节，共同领会捕食的真谛吧！

▲猫捉小鱼

世说新语——捕食者

捕食指的是生物间交互作用的一种关系，通常指一种动物——捕食者以另一种动物——猎物为食的现象。

广义的捕食有四种常见方式，分别是典型捕食、同类相食、食草动物和昆虫中的拟寄生者。

食肉动物的捕食行为被称为典型捕食。同类相食是捕食现象中的一种特殊情况，顾名思义即捕食者与猎物

▲百兽之王——老虎

是同一种生物。食草动物就是吃绿色植物的动物，这种捕食指植物未被杀死而只是受到部分损害。昆虫中的拟寄生者有很多，例如寄生蜂，它们和例如血吸虫类的真寄生者的区别在于拟寄生者总要杀死其宿主。

世说新语——被捕食者

遇到危险时，被捕食者一般都不会束手就擒，它们有很多的手段来保护自己。自然界生物的历史很大程度上可以说是生物以不同的适应方式来逃避捕食者的历史。

为了生存，有些生物释放出恶心的气味吓跑捕食者、有些生物会迅速躲藏起来、有些生物采用金蝉脱壳帮助自己逃生、有些生物则使用警戒色吓唬敌人。总之，捕食者有多少捕食手段则被捕食者就会相应地有多少防御手段，真可谓"道高一尺，魔高一丈"啊！

和平相处

▲千娇百媚的蝴蝶

捕食者通过不断进化，发展出五花八门的捕食策略，让我们不禁惊叹捕食者的高超智慧。但同时我们也会产生这样一个疑惑，如果有一天捕食者的猎物数量接近于零时，它们又将何去何从呢？

其实，我们不用担心这个问题，因为自然界一直处于动态平衡的状态。在这里始终有一条符合自然发展的食物链，即根据"优胜劣汰"的法则，被捕食的猎物通常是要被自然淘汰的生物，它们之间此消彼长的现象是很正常的。只要在一个合理的范围内，被捕食者会自动恢复的。再说，捕食者有捕食技巧，被捕食者同样也有高超的防御技巧。在下面的章节，我们将会介绍被捕食者的防御策略。

自然传奇丛书

兼具捕食者与被捕食者——螳螂

在全世界分布的螳螂有 4 个总科，共约两千多个种类。在我国，螳螂的分布比较广泛，达一百多种。其中较著名的如中华大刀螂、北大刀螂、广斧螂、绿斑小螳螂等，它们的作用显著，食物都是我国农、林、果树的重要天敌。

螳螂及其幼虫都是捕食性昆虫中的佼佼者，动作敏捷，捕食成功率高。一般的成虫头部灵活、旋转

▲螳螂

度大，而且复眼发达，不仅视野范围非常广，更能准确测定猎物的距离。特别是它们拥有猎杀猎物的锋利武器——咀嚼式口器，能加快捕食的速度。另外，螳螂还有一些特殊的本领，如保护色。

螳螂捕食猎物时，会根据猎物大小和自身位置的不同，采用不同的战术，列举如下。

以静制动、以动制静

螳螂在碰到大型猎物时会采用以静制动的战术。首先它会抬起镰刀式的捕捉足、仰起头部和胸部，保持状态长时间静止等待，当猎物接近时马上迅速出击。而以动制静的战术一般在遇到小型猎物时使用。当猎物靠近时，它会抬起捕捉足，然后慢慢移动到猎物附近或奋起直追，直到捕获猎物。

▲正在细心观察的螳螂

自然传奇丛书

色彩和形体模拟

在自然界中螳螂可以算是伪装的高手。它能通过各种方式与周围的环境巧妙地融为一体。例如在绿叶中生活的螳螂，它们身体的颜色通常是绿色；而经常生活在褐色树枝、树干上的螳螂，它们的体色则会习惯地形成褐色；还有一些甚至能将自己融入花朵，使自身颜色达到与花色完全一致的程度，

▲螳螂的色彩模拟

如著名的兰花螳螂。形体模拟同样是螳螂的拿手好戏，它们可模拟成树叶等各种形态。

链接——兰花螳螂

▲兰花螳螂

螳螂家族中的明星——兰花螳螂可以说是世界上进化得最完美的生物。让人类更惊讶的是，与不同种类的兰花相伴的兰花螳螂也会不同。它们有着最完美的伪装，甚至能随着兰花花色的深浅变化相应调整自己身体的颜色。

兰花螳螂是天生的捕猎高手，只要是活的昆虫，不管是苍蝇、蜘蛛、蜜蜂，还是飞蛾、蝴蝶，全都是它们

自然传奇丛书

的猎物。

螳螂一般情况下属于昼行性的昆虫，在展现它们的捕食技能时，即使是面对同类，它们也绝不手软。兰花螳螂的幼体也会自相残杀，因此，它们只适合单独饲养。兰花螳螂幼体呈现特殊的红黑两色组合；在第一次蜕皮后全身会慢慢转变为粉红色和白色相间；到成虫之后，粉红色会消失，棕色的色斑会取而代之，整个体色

▲兰花螳螂

转变为浅黄色。很多人喜欢饲养兰花螳螂，很大的原因就是因为这种动物体色的转变添加了饲养的乐趣。

"道"高一尺
——五花八门的捕食手段

民以食为天，这是人类共同的认识，而动物世界同样也遵从着这一恒久不变的规律。为了能更好地生存，每一个生物体都必须要掌握一定的捕食技能和手段。

那么各种各样的动物是不是也拥有着千奇百怪的捕食手段呢？让我们赶紧来了解吧！

▲民以食为天

以动制静的瓢虫

▲瓢虫

全世界生活着众多的瓢虫，大约有 5000 多种。在我国已记录的瓢虫种类有 690 余种。它们一般以捕食介壳虫、蚜虫等小型有害昆虫和红蜘蛛为生。

瓢虫的幼虫和成虫都没有什么特别的拟态本领，由于它们猎食比较小而且逃跑能力很弱的动物，所以不论成虫或幼虫，瓢虫们都采用以动制静的战术对付猎物，就是利用它们的咀嚼式口器直接捕食。

瓢虫的幼虫全身长着坚硬的鬃毛，但其实整个身体是非常柔软的。幼虫身上分布有白黄斑点，有点丑陋。但别小看这些外表难看的小动物，它们的食量是非常惊人的。镰刀状的上颚和形似钳子、能轻易刺穿蚜虫身体的强壮下颚的共同作用满足了它们的食物欲望。瓢虫的成虫同样没有任何形体拟态，但它却拥有非常丰富的色彩，如红色、黄色、橙色、灰褐色、黑色等，显得有些艳丽；其鞘翅上的斑点也都不一样，有的有少数几个，有的会达几十个。

万花筒　　瓢虫和它的食物

食螨瓢虫主要捕食红蜘蛛；红环瓢虫主要捕食草履蚧；澳洲瓢虫和大红瓢虫主要捕食吹棉蚧；六斑月瓢虫能捕食多种蚜虫等；异色瓢虫和龟纹瓢虫主要捕食桃蚜、苹果黄蚜等多种蚜虫。

善攻难捕的螃蟹

大家都知道，螃蟹是横着走的。螃蟹的奇特行走姿势，好比中世纪的骑士，披着沉重的铠甲，为了领地而争斗。螃蟹可是能攻能守的战士，不管遇到什么样的危险，它总将脆弱的身躯隐藏在铠甲中，而外在的堡垒却固若金汤。它那可怕的蟹螯可以轻易地碾碎食物，强有

▲我是螃蟹我怕谁

力地把猎物直接送入礁石的缝隙。

但事实上螃蟹也不是无敌的，比如章鱼就是螃蟹的克星。当螃蟹遇到章鱼时会立刻转身逃跑，对螃蟹来说章鱼就像一片乌云，会铺天盖地包住螃蟹，这样的时刻蟹螯的作用无法发挥了。章鱼迅速把螃蟹拖入巢穴，回到巢穴以后，章鱼就露出了自己的秘密武器，即两条全副装甲的舌头。一

条名乳突，上面布满了乳头状突起；另一条称为齿舌，上面分布着许多锋利的牙齿。它先用齿舌抹除蟹壳的外层，然后用乳突钻出一个小孔，将能使蟹壳脱落的毒素注入螃蟹体内。但即使用如此可怕的工具，完全粉碎螃蟹的防御仍需要四十分钟的时间。由此看出，螃蟹堡垒的坚固程度真的是非同凡响。

小贴士——螃蟹"横着走"的种种猜测

▲横行霸道的螃蟹

螃蟹为什么要横着走？对这个问题人类做了很多的猜想，接下来让我们逐一了解这些猜想。

一、生物学角度。螃蟹的胸部和头部在外表上几乎无法区分，所以就连起来叫头胸部。它的十只脚就平均分布在身体两侧。第一对就是特别的螯足，它既是掘洞的工具，也是防御和进攻的武器。剩下的四对主要是步行的作用，称为步足。螃蟹的每只脚都由七节组成，关节只能做上下的动作，由于它们的头胸部宽度大于长度，所以爬行的时候只能一侧步足弯曲，用足尖抓住地面，另一侧步足会慢慢向外伸展。当螃蟹的足尖够到远处地面时就开始缩回，而本来弯曲的一侧步足就开始伸直，并把整个身体推向相反的一侧。由于这几对步足的长度是不同的，螃蟹实际上是向侧前方运动的。

二、实验发现。研究者通过实验发现螃蟹每条肢都有与肢相连的骨眼，而且它的肢基部关节弯曲方向是朝腹部背面，所以当肌肉收缩时，使连动肢朝背腹方向运动，这种行动方式导致螃蟹成横向运动。

三、地磁场说。有些人认为，螃蟹是依靠地磁场来判断自己的行动方向的。在地球最初的漫长形成日子里，地磁南北极已经发生了多次倒转。地磁极的倒转使许多依靠它行走的生物无所适从，甚至灭绝。螃蟹作为最古老的回游性动物之一，由于其内耳有定向小磁体，所以对地磁特别敏感。地磁场的不断倒转，导致螃蟹体内的小磁体失去了定向作用，使它失去了方向感。为了使自己在这样的危机中生存下来，螃蟹采取了"以不变应万变"的做法，干脆抛弃前进和后退，选

择横着走。

四、传说。著名的神话《白蛇传》中，当白素贞被儿子解救后，法海和尚被神仙收去了袈裟和钵，没办法的他只能钻进螃蟹壳里，因法海曾横行霸道，所以他化身的螃蟹就横着走了。

面对这么多猜想，你觉得哪个更可信些呢？

蓝山雀的"引体向上"

在森林里，有一种鸟类特别爱运动，经常做"引体向上"，这种鸟类就是蓝山雀。人们通常认为经过一天艰苦的飞行，蓝山雀们在"身材塑型"方面已经做了足够多的练习。但是，蓝山雀却不肯休息，当它们停歇在枝头的时候仍然不忘进行身体锻炼——利用爪子挂在树枝上不断做"引体向上"。

最初发现情景的地点在英国法恩保拉夫地区森林保护区，当时有只蓝山雀正用

▲引体向上的蓝山雀

爪子紧紧地抓住树枝表演这样的特技，让人惊讶。有生物学家解释了这一现象，原来蓝山雀奇特的姿态是源于它的捕食策略，它们敏捷的身手、轻盈的体重非常擅长于多样化的捕食方式。对于这样的习性你有兴趣再深入了解吗？赶紧上网查查吧！

破"保险箱"的大师

如果你在马达加斯加的森林里徜徉，你很容易发现指猴正在搜索隐藏在树干里的猎物。这种动物拥有自然界中最为奇特的武器——纤细、瘦弱

▲机灵的指猴

的手指。每当它要进入猎物的巢穴时，这细小的手指就能变成了万能钥匙。比如为了探察在树干中空的部位是否有物体在其中移动，它就会用手指敲击那个位置。每次敲击之后，指甲还同时轻轻滑过树的表面。研究者发现，指猴这么做的原因，是因为它的手指纤细到能够发生谐振现象，甚至通过这个现象能详细了解树干内部的状况。指猴的耳朵既大又灵活，就连细小的声响都能捕捉到。

当指猴通过敲打发现猎物时，不会马上进行捕捉，它总是很机智地先用手指试探，期望在四周能得到更多的猎物。刚开始用于切削的指甲，现在立刻变成了锋利的铁钩。所以说，有了万能钥匙的帮助，指猴捕获猎物的过程变得更加有效。

犀利的面具蜻蜓

当蜻蜓捕食蝌蚪时，一旦它觉察蝌蚪在移动，就会生成具有立体感的视觉。只要猎物在视线15厘米以内，蜻蜓两眼观察到的图像能相互结合，蝌蚪马上被牢牢锁定。这时候蜻蜓会使用推进器来接近猎物，它利用尾部吸水，然后用力挤压腹部，将水喷出。这类似于液态火箭推进器。

蜻蜓的幼虫称为稚虫，当稚虫发现猎物闯入视线后，它会立刻严阵以待：面对猎物反方向使用推进器。稚

▲ "面具" 蜻蜓

虫先关闭尾巴处的出水口，使液体集中向前而不是向后方流，然后，在几毫秒之内迅速射出液体。稚虫身上还长着两个致命的钳，可以轻易地抓住猎物。这些犀利的武器组合起来造就了稚虫高超的捕猎能力。就像好莱坞科幻影片《异形》中出现的可怕魔爪一样，这些捕食者都是精密构造的奇迹。

小资料——蜻蜓点水

在唐朝肃宗李亨统治时，"诗圣"杜甫当上了八品官"左拾遗"，但是，因为帮一个受冤的大臣说话而被皇帝疏远，生活景况糟糕。每当苦闷难受时，他就会到曲江边写诗散心。其中有一首《曲江二首》特别优美：

▲蜻蜓点水图

"……穿花蛱蝶深深见，点水蜻蜓款款飞。传语春光共流转，暂时相赏莫相违。"于是"蜻蜓点水"这一成语便这样产生了。

蜻蜓点水是指蜻蜓在水面飞行时用尾部轻轻触碰水面的动作，作为成语它比喻做事肤浅不够深入。那么在生物学中，蜻蜓点水是怎么回事呢？原来蜻蜓点水是为了产卵，尾巴略过水面时，卵直接入水中或水草上。卵孵化出来的幼虫称为水虿。别小看水虿，它们可是游泳专家，而且采用喷射式的游泳方式。当水虿长大后，它会爬到凸出水面的石头或树枝上，然后羽化成一只的蜻蜓成虫，到处自由飞翔。

锦冠蜘蛛的高招

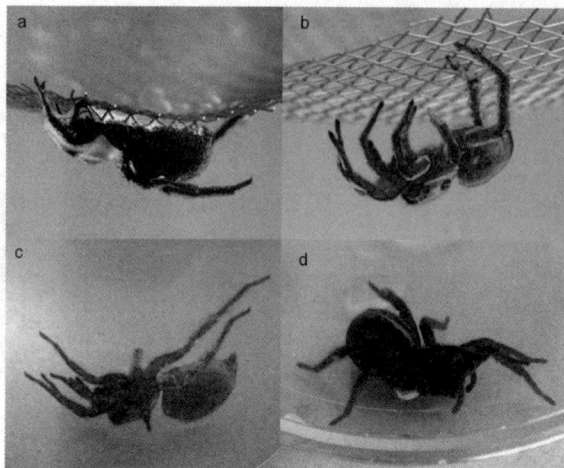

▲千奇百怪的蜘蛛

锦冠蜘蛛可是蜘蛛界的明星。它帮助人类解决了一个工程难题。这是怎么回事呢？我们赶紧来了解吧。

锦冠蜘蛛会选择数量适当的石块，大概七八块鹅卵石，而且奇妙的是每块鹅卵石恰好为蜘蛛体重的两倍。它小心翼翼地把鹅卵石堆在洞口，在搬运的过程中它无法搭建传统的蜘蛛网，因为到处乱飞的沙粒会扯断蛛丝。于是它设计出一座别具一格的建筑。在洞穴里面，将纤细的丝缠绕在鹅卵石上。然后蜘蛛开始在蛛网上休憩，万事俱备，只欠"来客"。

在夜晚，外出觅食的蚂蚁看不到石圈，埋头步入危险区——蜘蛛布设的"雷场"。当蚂蚁的触角碰到石块时，危险警报终于拉响了。蜘蛛事先摆下的鹅卵石内的石英晶体可以完全不失真地传输微弱的振动，振动沿着蛛丝一直传播给另一端的蜘蛛。让人不可思议的是，蜘蛛能够分辨出到底是哪类情况引起的振动。

沙漠中的锦冠蜘蛛懂得利用石英不失真地传输微弱的振动，一用就是数百万年。后来，人类终于也发现了这个现象，并将它用于调节手表。

广角镜——石英表简介

石英表又叫做水晶振动式电子表，因利用水晶片的发振现象而得名。作为

一种现代的发明，将石英晶体运用在钟表上这一技术最早出现在 1969 年。石英表的工作原理是什么呢？通过下面的讲解你就能了解了。

我们一般把无色透明的石英叫作水晶，当水晶接受到外部的加力电压，就会产生变形及伸缩相反。受到压缩的水晶两端会能产生电力，这样的性质在结晶体上是普遍存在的，称之为压电效果。石英表就是利用周期性持续发振的水晶，准确地为我们报时。

▲石英晶体

石英属于白氧化物，主要成分是二氧化硅。将石英放在振荡电路里会发生震动，同时，它会将其自身的频率传递到电路中，这种特性如果应用于石英机芯，透过石英振荡器便能将电能转变为动能。一个电路板，配以电阻及电容，机芯就完成了，再装上表壳、玻璃和表带，一只石英表即粗略组装完毕。所有的石英表都装有一粒电池，这块电池由一块集成电路和一个石英谐振器组成。集成电路是石英表的"大脑"，它控制着石英谐振器的振动，并起着分频器的作用。

▲精致的石英表

黏力十足的壁虎

▲小壁虎

有一种动物非常迷恋灯光，总是环绕着光痴迷地飞舞，这就是飞蛾。飞舞中的飞蛾完全没有意识到，在它的下方，壁虎早已紧紧地锁定了它。

为了捕捉飞蛾，壁虎必须克服地球重力的牵扯作用。有些动物为了可以攀爬树木，会长出尖利的爪子。而壁虎如果

想要在玻璃上移动则需要更加复杂的附着力。研究者发现，壁虎的每根脚趾都覆盖着厚厚肉垫，还能充分膨胀。在肉垫的表面分布着不计其数、排列整齐的浓密卷须的刚毛。在其卷须的末端，密布着天然的静电。而玻璃上也同样充斥着静电。当这两种电荷靠近时就会相互吸引，壁虎就是利用了这一吸引的能量来克服重力的作用。每当移动脚步，肉垫就会最大限度的膨胀，使得表面充斥着数以百万计的正电荷，壁

▲壁虎脚趾放大图

虎就会牢牢地黏住玻璃。只需一根脚趾，壁虎就能将整个身体悬挂起来，伺机发动进攻并获得美食。

自然传奇丛书

科技文件夹——飞蛾为什么要扑火

▲飞蛾扑火

飞蛾扑火，这是个自古以来都让人感到奇怪的现象。

科学家经过长期的观察和实验，终于揭开了飞蛾"扑火"之谜。原来飞蛾等昆虫在夜间的飞行活动都是靠月光来判定方向的，它总是使月光从一个方向投射到它的眼里。飞蛾在绕过障碍物转弯或者逃避敌人的追逐时，它会再转一个弯，这时月光仍从原先的方向照射过来，它又找到了方向，这可以说是一种"天文导航"。当飞蛾看到灯光，错误地把它当"月光"。因此，它会

跟随这个假"月光"来辨别方向。由于月亮距离地球非常遥远，飞蛾只要保持同月亮的固定角度，就能使自己朝一定的方向飞行。但，当它面对灯光时情况就不同了。灯光距离飞蛾很近，飞蛾按照本能使自己仍旧同光源保持着固定的角度，于是只能绕着灯光打转，一直到精疲力尽，扑火而亡。

自然传奇丛书

"魔"高一丈——捕食者满足

竹子和蝉都是许多动物的美味佳肴，它们数量很多，非常容易见到。它们为了尽可能少地被捕食采用了一种非常罕见的防御策略。你很难想象这策略是什么，赶紧来了解：竹子和蝉要么不出现，一旦出现它们就成群的出现，惊人的数量使捕食者不能一下子吃光。进化生态学家将这种防御措施叫作"捕食者满足"。

▲享受美食的熊猫

竹子开花

▲罕见的竹子开花

竹子在我国南方人类生活中是非常常见的。竹子很少开花，它的生殖发展是从地下根生出新的笋芽开始的。

竹子开花预示它的生命期即将结束，不久便会死去。竹子的开花是遵循一定的规律，一般周期在 15 年以上。但是有一种刚竹，寿命特别长，一般每 120 年开一次花结一次

果。不论你把它种在哪里，它的生长都会遵循这一周期。显而易见，这一周期的运行与季节、光照没有关系，甚至和食物贮备也没有关系。因为长势良好的竹子和贫瘠矮小的竹子的开花周期都是一样的。那么具体这个周期与什么有关呢？请大家赶紧去查资料了解吧！

蝉的生命历程

蚱蝉俗称知了，还被叫作黑老哇哇，是同翅目蝉科中型到大型昆虫。它有两对膜翅，复眼非常凸出。

我们先了解一下雄蝉的特点。雄蝉近腹的基部有鼓膜，震动鼓膜时会发出响亮的声音。不同的雄蝉可以发出三种不同的鸣声：交配前的求偶声、集合声、受惊飞走或被捉住时的粗厉鸣声。生活在北美洲的大多数蝉都能发出有节奏的滴答声或呜呜声，甚至有些蝉发出的声音非常动听。

蝉蛹的头两年一般在地下度过。在这段时间里，它会不断吸食树木根部的液体。然后在某一天破土而出，凭着生存的本能寻找近旁的一棵树爬上去。当蝉蛹的背上出现一条黑色的裂缝时，预示着蜕皮的过程开始了。为了使成虫两翅能正常发育，不会变成畸形，蝉蛹必须垂直面对树身，保持这个姿势。然后以外壳作为基础，慢慢地自行解脱，就好比从一副盔甲中爬出来。这个过程大概需要一个小时。当它的上半身获得自由以

▲蝉

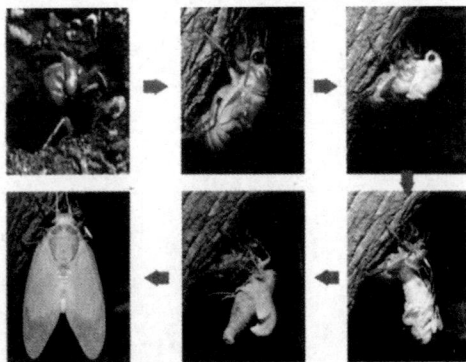

▲蝉的成长过程

自然传奇丛书

后，它又倒着悬挂把双翅慢慢展开。在这个时候，蝉的双翅很软，它们只能通过其中的体液管使它展开。这个过程是连续而缓慢的，当液体被抽回蝉体内时，展开的双翅就已经变硬了。这一步很重要，如果一只蝉在双翅展开的过程中受到了干扰，这只蝉将终生残废，无法再飞行。

科技文件夹——为什么蝉会鸣叫呢？

▲栖息的蝉

在中国古代人们把蝉喻为复活和永生的象征，这个象征意义来自于它的生命周期。

蝉的生长过程从幼虫到地上的蝉蛹，最后才变成飞虫。早在公元前2000年的商代青铜器上就有了对蝉的幼虫形象的记录，从周朝后期到汉代的葬礼中都有这样一个习俗，人们把一个玉蝉放入死者的口中以求庇护和永生。古人一直认为蝉以露水为生，因而它又是纯洁的象征。

自古以来，人们总是被蝉的鸣叫所吸引。许多诗人墨客都喜欢歌颂它的声音，并以咏蝉声来抒发高洁的情怀。蝉总是不知疲倦地用轻快而舒畅的调子，为人们高唱一曲曲轻快的蝉歌，难怪人们称它为"大自然的歌手"。

五彩缤纷
——神奇的色彩和拟态

保护色、拟态和警戒色的存在使动物世界呈现出一派欣欣向荣的景象。

我们在欣赏这缤纷多彩的美景之余，会不会去想为什么自然界会有如此美丽的景色？带着这个问题，我们一同学习这个章节的趣味知识，相信你会有意想不到的收获。

▲五颜六色的世界

自然传奇丛书

保护色和拟态

▲竹子剪影

我们先来了解一种叫竹节虫的动物。

大家对竹子都不陌生，但是对于竹节虫肯定是不太熟悉。竹节虫又名"干柴棒"，属于竹节虫目下的竹节虫科，分布广泛，大约有两千多种。它们通体褐色或绿色，形态像树枝，个体较大，但行动缓慢。由于强盛的繁殖能力和终生以植物为食的习性，所以成为著名的森林害虫，特别是在繁

▲极具拟态的竹节虫

殖季节能造成大批树木的毁坏，所以又被人们叫作"森林魔鬼"。

所有竹节虫几乎都具有极强的拟态能力，身体细长的他们，大部分可以将自己模拟成植物枝条；少部分类别身体扁宽，呈鲜绿色，但也能模拟普通的植物叶片。当它们受到伤害时，会设法让足自行脱落逃生。当然不用担心，这些足是可以再生的。当处于低温、暗光的环境时，它们能使体色变深，相反的情况下，则能让体色变浅。这种白天与黑夜体色有规律地不同，称之为节奏性体色变化。

竹节虫算得上自然界中著名的伪装大师。当它栖息在树枝或竹枝上，变成一支枯枝或枯竹，你几乎无法将它分辨出来。这种天生的以假乱真的本领，在生物学上称为拟态。还有一些竹节虫受惊后落在地上，还会装死不动。俗话说"干柴棒、野鸡项，早上咬、晚上葬"，说的就是竹节虫较强的毒性，伤人时，不易防治。美国生活科学网报道世界上最长的竹节虫由一位美国的科学家在婆罗洲发现，全身长达50厘米。

科技文件夹——关于保护色和拟态

许多动物为了保护自身的安全，力求身体的颜色与它栖息的环境相似，以此来躲避敌人，赢得生存。这种体色上对环境的适应称为保护色。保护色是动物在进化过程中自然选择的结果。

海洋中的海蜇、水母等漂浮生物全身几乎是全透明的，这是对于在水体生存的良好适应；而虎、豹、斑马的体色则具竖立的黑色条纹，这在它们生活的有竖直草木的环境中，能将自己躯体的轮廓变得与环境相似，很难辨认，便于隐蔽捕食。体色能够跟随环境的变化而改变的能力，对保护自己和获取食物有重大的意义。

▲你能看出是蝴蝶吗？

某些动物的色泽或形体与其他生物或非生物异常相似，这种拟态形式在自然界中较常见，如某种蝴蝶的体色酷似带恶臭的斑蝶，尺蠖的体型和栖息状态酷似短枝条。拟态作为生物保护自身的一种适应，在变化过程中，有些生物不只是颜色，连外形都能完全变化令人惊叹。自然界里有那么多生物是靠保护色躲避敌人，在恶劣条件中顽强存活下来。你能区分清楚它们吗？

接下来让我们再聊一聊枯叶蝶。

在我国峨眉山生活的蝴蝶中，拟态逼真的枯叶蝶最为出名。它属于昆虫纲鳞翅目下的蛱蝶科，俗称中华枯叶蛱蝶，颜色艳丽，姿态优美。当它飞舞时，会露出翅膀的背面，闪动出耀眼的光泽，与凤蝶的美丽不相上下。

仔细观察枯叶蝶，可以发现它的前翅有一横贯翅面的橘黄色宽带，顶部长有一小白斑，中部一般都有一小块透明斑。它的后翅大部分呈紫色，后缘区则显现灰白。当枯叶蝶静息时，它的前翅顶角到后翅臀角会出现一连贯的明显的深褐色纵线纹，纵纹两侧有几条斜线纹，像极了叶脉。翅膀反面的色泽多变化，会因个体和季节的不同产生差异，但始终不脱离枯叶状。枯叶蝶都生活在大山中，飞翔时速度很快，静止时则分开双翅，显现出美丽的翅面花纹。某些场合它们才会合并双翅，比如受到惊吓的时候。作为世界著名的拟态昆虫，枯叶蝶被所有蝴蝶爱好者所喜爱和收藏。当它们在森林中飞翔，艳丽的色泽会立刻吸引住你的目光，而当它们停息在树干上时则戛然不见踪影，全然一片枯叶而让你觉察不到。中华枯叶蝶善于

自 然 传 奇 丛 书

伪装成树叶，其翅膀像树叶叶脉，当天敌出现，它会采取惹不起躲得妙的方法，形成自己独特的处世哲学。

枯叶蝶喜欢生活在葱郁的杂木林和山崖峭壁间，栖息于溪流两侧的阔叶片上。当太阳逐渐升起，叶面露珠消失后，它会迁飞至低矮树干的伤口处，觅食渗出的汁液。一旦受惊，它会立即隐匿于林木深处的藤蔓枝干上，借助模仿枯叶的本能藏躲起来，难以发现。

▲藏匿于树上的枯叶蝶

▲枯叶蝶标本

广角镜——枯叶蝶迷彩服

二战时，在苏联卫国战争中，轻盈姣美的蝴蝶扮演了一个特殊的角色，产生了巨大作用。这是怎么一回事，我们赶紧来了解吧。

1941年8月，纳粹德国数十万人的军队兵临列宁格勒城下，耀武扬威地叫嚣半个月内攻下这座战略要地。一天清晨，苏军一位将军到野外炮兵阵地上视察，突然他看到一群美丽的蝴蝶在花丛中飞来飞去，非常漂亮。但因为与花朵的颜色很相似，蝴蝶在花丛中时隐时现，令人难辨其踪。突然他灵机一动，自言自语道："有办法了，有办法了！"依照这位将军的奇妙想法，苏军统帅部找来了蝴蝶研究专家施万维奇，要求他设计出一套蝴蝶式的防空迷彩服装。施万维奇不辱使命，最终使苏联列宁格勒数百个重要军事目标披上了神奇的蝴蝶式"迷彩服"。几天后，德国飞机开始了轰炸，但是当它们飞到列宁格勒上空时，却因为找不到原来侦察好的轰炸目标，无奈之下，胡乱投下炸弹后便返航了。德军这次轰炸行动的结果自然是失败了。

警戒色

警戒色是指某些有毒刺和恶臭的昆虫、动物所具有的鲜艳色彩和斑纹。

警戒色是动物在进化过程中形成的一种本领，它可以使敌人易于识别，避免自身遭到攻击。例如毒蛾的幼虫就是警戒色的高手，它们多数都具有鲜艳的色彩和花纹，如果被鸟类吞食，其毒毛会刺伤鸟的口腔黏膜。在古代非洲，人们常将毒箭蛙的体液涂在箭头上用以捕猎。还有如胡蜂这样的昆虫，会用它有毒的蜇针对其他昆虫发起致命的攻击。

这些生物对捕食者构成了威胁或者伤害，通过自身艳丽夺目的体色警告捕食者不要轻易靠近。

自然传奇丛书

知 识 窗

保护色、拟态和警戒色

保护色和拟态都表现为与环境色彩相似，不易被识别，从而可以保护自己。而警戒色则表现得与环境不同，容易被发现，而且具有警戒色的动物一般都具有潜在的伤害性，据此可把警戒色与其他两者区分开。

生存之道——假死

　　对于每一个生物体来说，死亡是一个正常的现象，死意味着一个生命的终结。自古以来，人类对死都抱有一种敬畏又恐惧的态度。而假死，这种与死沾边但又不是死的伎俩却神奇地出现在动物世界的防御手段中，让人不禁疑惑而又有些好奇。试想一下，要是我们人类也具备假死的能力那又会是什么样？一起进入这章节的学习吧，看看动物们是怎么假死的！

负鼠的假死

▲负鼠

　　行走缓慢的负鼠在受到野狗或丛林狼等食肉动物威胁时，是如何逃生呢？

　　聪明的负鼠会使出绝招"装死"来逃避敌人，这一招十分灵验，可以迷惑许多敌害。情形是这样的，当眼看要被擒时，它们会立即躺倒在地，脸色突然变淡、眼睛紧闭、嘴巴张开、舌头伸出，还会将长尾巴一直卷在上下负鼠颌中间、呼吸和心跳几乎中止、身体不停地剧烈抖动，完全处于假死状，这一连串行为使追捕者产生恐惧之感而不再去捕食它。如果这种戏剧性的翻倒还不能迷惑对方的话，负鼠会从肛门旁边的臭腺排出一种恶臭的黄色液体，难闻的气味使要捕食它的敌害不得不相信，自己的猎物真的已经死了甚至还腐烂了。

　　因此，食肉动物们只能确信负鼠的死亡，所以就离开了。待敌害远离

几分钟或者几个小时后，负鼠便恢复正常，观察周围已没有什么危险，才爬起来逃走，拣回一条性命。

你知道吗？

大多数捕食者都喜欢新鲜的肉，一旦死了，身体就会腐烂并且全身布满病菌，这时捕食者就会离去。

知识库——负鼠究竟是什么

▲假死高手"负鼠"

负鼠属袋类哺乳动物，是一种夜行杂食性动物。当小负鼠逐渐长大，它会变得独立且主动离开育儿袋，爬到妈妈的背上。母负鼠背负着孩子一起爬树觅食，母子俩的尾巴总是相互缠绕，形影不离，"负鼠"便由此而得名。

此外，它们还会在奔跑中突然立定不动，这种快速刹车的本领在世界上恐怕不会再有其他动物能与之匹敌，而这种本领正是它们迷惑捕食者的法宝。捕捉它们的动物往往会被这个动作吓得大吃一惊，也跟着急忙"刹车"，停在那傻傻站着，"丈二和尚摸不着头脑"。在捕食者发愣的时候，站立不动的负鼠却又突然跃起，疾步逃奔。这种突变常常使追捕它们的动物感到惊惶失措，只能眼睁睁地看着煮熟的鸭子又飞了。等追捕者清醒过来想再去捕捉时，它们早已跑得无影无踪了。正因为如此，动物界又将"刹车手"的称号给了负鼠。

科技文件夹——解密负鼠假死之谜

怎么解释负鼠假死这种违反生理学常规的现象呢？它们的骗术到底是真还是假呢？会不会是负鼠被吓得休克，过一阵子又清醒过来，而并不是有意识地装死呢？

有科学家采用一种仪器对负鼠进行了检测，终于发现了负

▲负鼠装死

鼠装死的奥秘。动物的大脑细胞能够不断地发出脉冲，形成一种生物电流，人们可以根据大脑生物电流的特性，判断出动物是睡觉、是昏迷、还是清醒。对装死的负鼠进行仪器测试时，仪器记录下来的电流图表明，它们确实是在装死，因为其大脑细胞一刻也没有停止过活动，甚至比平时更为活跃。显然，装死的负鼠在等待逃命的机会，会显得更加紧张，所以大脑活动比平常更活跃。

自然传奇丛书

偷偷的我溜走了
——逃生秘诀

在自然界的生存法则中，每一种动物都无法避免成为另一种动物的食物。当动物遭到比自己大、行动比自己迅速的天敌的袭击时，它们相应会有各种各样的防御手段进行躲避和逃生。在残酷的生存斗争中，除了作为取胜武器的尖牙利齿外，还应有一种特定的策略使自己立于不败之地，正所谓"八仙过海，各显神通"。

这一章节要介绍的是另一种防御策略，那就是设法逃生。逃生是许多动物成功率较高的一种防御策略。在长期的生存竞争中，动物进化出了形形色色的逃生技巧。

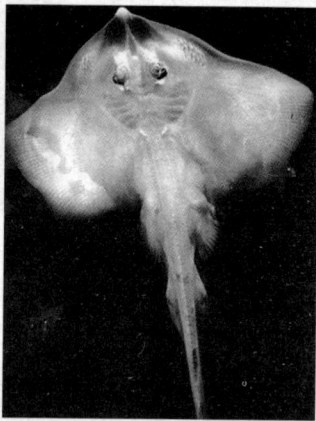

▲白化鳐幽灵般的逃生伎俩

三带犰狳的铠甲

▲慢吞吞的犰狳

犰狳是哺乳动物中唯一有壳的一种，大多数生活在中美洲、南美洲和美国南部地区。它们的壳分为三部分，前后两部分有整块不能伸缩的骨质鳞甲覆盖，中段的鳞甲成带状，与肌肉连在一起，能自由伸缩。尾巴和腿上长有鳞片，腹部无鳞片但有毛。世界上犰狳共有 21 种，区别它们的方法是根据中段鳞甲带的多少，如具三条鳞甲带的叫三带犰狳。

自然传奇丛书

大部分犰狳都居住于洞中，只在夜间出来活动。它们的主食是昆虫，一只普通犰狳一年能吃掉一百多千克的昆虫，同时它还吃毒蛇、蝎子和毒蜘蛛等。可以说主要以害虫为食的犰狳对农作物有很好的保护作用。

如果你是一位好莱坞电影形象设计师，想塑造一个刀枪不入的超能战士，那么三带犰狳一定能给你最好的灵感。当

▲三带犰狳卷缩成团的过程

食肉动物靠近它的洞穴时，三带犰狳通常会采用两种防御技巧保护自己。一种防御技巧是蜷缩成一团，将盔甲边缘部分插进泥土，使四肢完全缩进去，只露出爪子在壳外。如果是在洞外遇到敌人，犰狳就将自己卷成一个圆球，只留一个小孔观察对方。这时，如果你稍微触碰它一下，它会立即将自己完全锁闭起来。面对这样一个硬邦邦的"肉球"，很多食肉动物都无计可施。

刺鲀的防卫利器

▲六斑刺鲀

体短圆形的刺鲀，头和身体的背面都呈宽圆。它的尾巴很短，主要以坚硬的贝类、珊瑚、蟹和虾为食，游泳能力较弱。

在世界上刺鲀主要生活于各地的热带珊瑚礁地区。它浑身披满由鳞片演化而来的棘刺，这些棘刺可是刺鲀的防卫法宝。通常情况下，刺鲀的棘刺就像鱼身上的鳞片平贴在身上，看上去滑溜溜的，不是非

▲遇到敌害时的刺鲀

常特别。虽然刺鲀长得圆乎乎的，又肥又胖，它的鳍却特别小，显得比例失调。刺鲀的这种身体结构导致它的游泳速度很慢，整体看上去就像谁都可以扑上咬一口的"美餐"。不过，你要是真的这么做了，肯定会马上后悔，因为它简直就是一个无从下口的刺猬。

一旦天敌攻击它时，刺鲀就会大口吞咽海水和空气，使自己身体胀得圆鼓鼓的，长在皮肤上的棘刺也随着竖立起来，使它看上去就像一个长满刺的圆球。然后，它翻转身体，肚皮朝天漂浮在水面上，嘴里同时还不断发出"咕、咕"的怪叫声，看上去非常奇怪。刺鲀的这种防卫战术能起到有效的吓阻敌人的作用，无论多么凶猛的食肉动物，遇上它这个无从下口的"刺球"，也只能悻悻离开。当度过危险后，刺鲀会将之前吞进胃里的水和空气吐出来，恢复原状。

想一想议一议

刺鲀为何能够改变身体形状？

刺鲀的皮肤和胃极富伸缩性，而它又没有胸腔，没有骨头妨碍胃的扩张，因此，只要肚皮不被撑破，它想胀多大就能胀多大。

甲虫的"炮弹"

森林的某一个角落正上演着这样的一幕：站在高高的树枝上的黄雀，虎视眈眈地盯着下面的一只小甲虫，然后选择好时机，猛地拍打着翅膀扑向甲虫，眼看着小甲虫就要成为黄雀的口中食，在这千钧一发之际，伴随一连串的"噼啪"声，小甲虫的尾部喷出一股毒雾直射黄雀，轰得黄雀晕

头转向，立马落荒而逃。

这种会"放炮"的小甲虫，被称为"炮虫"，属于鞘翅目中的一种。炮虫的"武器"隐藏在其腹部的最后几节。让人惊讶的是，它的"武器"还有可以伸缩的特异功能，用时伸出来，不用时缩进去。炮虫的"炮弹"是包含多种化学元素的液体，而现代的毒气弹、化学弹的作用原理与其非常相似。更有趣的是，炮虫可以向任何方向发射"炮弹"。炮虫"开炮"时，反射口发出"咝咝"

▲甲虫的成长过程

或"噼啪"的声音，喷出的热乎乎的液体一遇到空气便散成烟雾，直接把攻击者搞得昏头昏脑的。

知识库——甲虫大家族简介

▲醒目的甲虫

昆虫中的鞘翅目是昆虫里最大的一目也是动物界里最大的一目，约有三十万种之多。甲虫就属于昆虫的鞘翅目，除了海洋以外，世界各地无论是河川、土壤，还是高山、平原，哪里都有它们的踪迹。甲虫和其他的昆虫一样，身体分头、胸、腹三个部分，都拥有六只脚。它们最大的特征是已经没有飞行功能的前翅变成了坚硬的翅鞘，只为了保护后翅和身体而存在。飞行时，翅鞘先被举起，然后薄薄的后翅逐渐张开。甲虫翅鞘的颜色复杂，花样繁多，有带斑点像豹皮的，有带条子像虎纹的，也有的是杂色图案。甚至还有一些甲虫的翅鞘会连在一起，后翅也已退化，无法再飞行，只能步行走路了。

自然传奇丛书

甲虫头部有对触角，它们的形状长短不一，但一般都分为十到十一节，呈锯齿状，念珠状，腮叶状，膝状等。雌雄触角也不同，雄的触角明显比雌的发达。甲虫口器的构造便于咀嚼，有的适合吸食汁液。由于生活习性的不同，不同类别甲虫的脚构造也不同。有的长着游泳毛，适于游泳；有的腿节发达，适合跳跃。

放臭屁的黄鼬

▲长得很可爱的黄鼬

"黄鼠狼给鸡拜年——没安好心"是我们非常熟悉的一句民间谚语，事实上黄鼠狼一般是不以鸡为食的。黄鼠狼又名黄鼬，因周身橙黄或棕黄而得名，属于小型的食肉动物。它们的主要活动区域在俄罗斯的西伯利亚地区、泰国等地，我国很多地区也有分布。平常以啮齿类动物为主食，偶尔也吃些小型的哺乳动物。黄鼬的皮毛非常适合制作油画或水彩的画笔，用途广泛。

冬季到来时，黄鼬会追随鼠类迁移而潜入村落附近，在树洞和石穴里筑窝。当它们活跃时，表现出来的本领是惊人的，既擅长攀缘登高又会下水游泳，还能高蹦低蹿，在干沟的乱石堆里闪电般地追袭猎食对象。它们具备高度警觉性，时刻保持着戒备状态。可以说，要想对黄鼬发动出其不意的偷袭是很困难的。

黄鼬还有一样特殊的退敌武器，那就是位于肛门两旁的一对黄豆形的臭腺。当它们遇到敌害奔逃时，能从臭腺中迸射出一股臭不可忍的分泌物。只要在 3.5 米的距离内，都能百发百中。如果追敌恰巧被这种分泌物射中头部，就会引起中毒，轻者恶心呕吐，头晕目眩，严重的甚至立刻倒地昏迷不醒。这种液体如果洒到攻击者眼睛里，危害更大，能导致眼睛短时间失明；如果喷到鼻孔，则能对手昏厥呕吐。这种强烈的臭味，在半公里之外就能闻到。所以，绝大多数掠食者宁可忍饥挨饿也不会去碰像黄鼬

这样的小动物。真是奇妙的武器，不是吗？

你知道吗？

一旦遭到狗或人的追击，在没有退路和无法逃脱时，黄鼬就会凶猛地对进犯者发起殊死的反攻，显得无畏而又十分勇敢。

小资料——臭屁的成分及防护

很多人都知道，黄鼠狼会放臭屁。经过科学家认真研究，确定黄鼠狼所放的这种恶臭气体的成分是丁硫醇。丁硫醇这种物质，易溶于乙醇、乙醚，微溶于水，是溴丁烷与硫脲反应的产物。

▲黄鼠狼：别嫌我臭，我是为了躲避敌人

自然传奇丛书